Klaus Kissel · Wolfgang Tschinkel

DAS PRINZIP DER MINIMALEN FÜHRUNG

3. AUFLAGE

ISBN 978-3-86451-047-2

FELDHAUS VERLAG GmbH & Co. KG
Postfach 73 02 40
22122 Hamburg
Telefon +49 40 679430-0
Fax +49 40 67943030
post@edition-windmuehle.de
www.edition-windmuehle.de

Layout: FELDHAUS VERLAG, Hamburg
Abbildungen © Alexander Potapov/Fotolia.de
Druck und Verarbeitung: WERTDRUCK, Hamburg

Bibliografische Information der Deutschen Nationalbibliothek
Die Deutsche Nationalbibliothek verzeichnet diese Publikation in der Deutschen Nationalbibliografie; detaillierte bibliografische Daten sind im Internet über http://dnb.d-nb.de abrufbar.

Inhaltsverzeichnis

Einleitung **9**
Warum minimal führen 9
Minimale Führung ist nicht nur effizient, sondern auch effektiv 13
Der Weg beginnt bei mir selbst 14
Der Mitarbeiter ist kein Befehlsempfänger 15
Übung 1 16

Der Aufbau des Buches **19**

ICH – Selbstführung **23**
Vorgesetzte werden vorgesetzt 23
Führungskraft und Eltern sind ungelernte Berufe mit hoher Verantwortung 23
Integrieren Sie Ihr »Hänschen« 24
Übung 2 27
Schlechte Erfahrungen verarbeiten und abhaken – gute teilen 29
Übung 3 31
Beseitigen Sie Ihren Müll 32
Alle sind gleich – Sie sind vorgesetzt, aber nicht gleicher 33
Wer alles besser kann, macht besser alles 33
Situative Führung in moderner Zeit 34
Vom Irrtum, unersetzlich zu sein 41
Zeit nehmen für Navigation 42
Übung 4 44
Managen Sie Ihre Prozesse 45
Wie viel Fachwissen braucht ein Chef? 47
»Der Chef will mehr Leistung, die Mitarbeiter mehr Urlaub« 47
Mit Druck umgehen lernen 48
Ergebnisorientierung vor Mitarbeiterorientierung 49
Lehnen Sie einen angebotenen Aufstieg ab, den Sie nicht wollen 50
Übung 5 51
Das konkrete Bild der eigenen Aufgabe 52
Übung 6 53
Das positive Bild der eigenen Aufgabe 54
Führung macht Spaß 55
Die Prinzipien des ICH 57

DU – Mitarbeiterführung **61**
Dialog lässt sich erlernen 61
Der gute Draht und die eigene Glaubwürdigkeit sind zentral 62
Ich muss und will es nicht allen recht machen 62
Ein Dialog muss gut »geführt« werden 63
Eine gute Vorbereitung ist 80 % des Erfolges 63

Zielvereinbarungen im Prinzip der minimalen Führung 64
Die Chance und die Grenze der SMART-Regel 65
Tore kann man nur erarbeiten, nicht befehlen – Training schon 66
Übung 7 68
Aufmerksamkeit, Disziplin und Regelmäßigkeit beim Erledigen der vereinbarten Aufgaben 69
Verbindlichkeit, Verbindlichkeit, Verbindlichkeit! 70
Delegation entlastet 71
Delegation entfaltet die Fähigkeiten des Mitarbeiters 72
Motivation erkennen und wecken 73
Motivation ist kein Mythos 75
Persönliches Wollen 76
Soziales Dürfen 77
Individuelles Können 79
Übung 8 80
Regeln für eine gelungene Delegation 80
»Ich habe keine Zeit« 81
Prozesse managen beim Mitarbeiter 82
Vorsicht bei Delegationen, die Einwände ausschließen 84
Wichtig: zeitnahe Feedbacks 85
Bewertungen sind konkret und eindeutig 86
Entkoppeln Sie Lob und Kritik 88
Feedback wird als solches benannt 89
Übung 9 89
Auch ein Chef verträgt Feedback 89
Das jährliche Gespräch mit dem Mitarbeiter 90
Wer sich das Gespräch mit dem Mitarbeiter »spart«, verschenkt wertvolle Ressourcen 91
Der Gesprächstermin ist bekannt 91
Finden Sie Ihren Gesprächsort – und wenn er noch nicht da ist, erfinden Sie ihn 91
Den Kaktus nicht als Blume verkaufen 92
Kommunikation gelingt und misslingt im »Hier und Jetzt« 92
»Was passiert hier gerade?« 92
Der Ausgangspunkt des Gesprächs ist die Gegenwart 94
Fallen entschärfen statt betreten 95
Die Tugend des Zuhörens 96
Zuhören! Nicht werten, nicht besser wissen, nicht lösen – zuhören! 97
Aktives Zuhören beschleunigt Verständigung 97
Nehmen Sie die Anregungen, soweit möglich, auf 99
Ein offener Gegner kann ein guter Freund werden 100
Die Aufgaben werden im Dialog erarbeitet, nicht aufgezwungen 102
Die negativen Folgen aufgezwungener Veränderung 102
Eine Aufgabenvereinbarung nach dem Aikido-Prinzip 104
Vorteile des Aikidio-Prinzips 106
Wer fragt, der führt 107

Denkfragen bringen zum Denken 107
Klare Rahmen, vielfältige Möglichkeiten 109
Lob motiviert, Superlative sättigen 110
Nichts versprechen, was man nicht halten kann – das halten, was man versprochen hat 111
Ergebnisse werden vom Mitarbeiter protokolliert 112
Tadeln, nicht verletzen 112
Die wichtige Aufgabe der schwachen Mitarbeiter 113
Der zweifelhafte Sündenbockeffekt 114
Der offene Umgang mit Fehlern 115
Das Problem der inoffiziellen Führerschaft 116
Kleiner Exkurs: Wie »führe« ich meinen Chef? 118
Die Stärken stärken 121
Die Prinzipien des DU 123

WIR – Teamführung **127**
Ein Team lässt sich nicht beherrschen 127
Ein gutes Team ist ein Gewinn – möglichst für alle 128
Wie viel Zusammenarbeit brauchen wir? 128
Der Aufbau von kooperativen statt konkurrierenden Teamstrukturen 129
Meetings sind entweder notwendig – oder sie finden nicht statt 130
Übung 10 131
Informationen und Veränderungen werden unvermittelt weitergegeben 131
Die Aufgabe der Führungskraft bei inoffiziellen Meetings 132
Woran Sie ein gutes Team erkennen können 134
Übung 11 135
Zielfokussierung und Ergebnisorientierung in Teams – Prozesse managen 135
Entwicklung der Feedbackkultur im Team 136
Gerade weil alle in einem Boot sitzen, ist es gut, dass nicht alle auf einer Seite sind 138
Ihr Team lernt, denn jedes Team lernt 140
Teams lassen sich nicht beherrschen – aber stören 141
Intelligenz der Gefühle in Gruppen nutzen lernen 142
Schaffen Sie Raum und Zeit für gemeinsame Gefühle 143
Interaktionen in Teams entstehen nach einem Muster 144
Wen störe ich wann und wie? 145
Ausgangssituationen für Veränderungen im Team 146
Gegenseitiges Zuhören in Teams fördern – wie geht das? 149
Ergebniszentrierte Interaktion am Beispiel der Reviewgespräche 149
Störungen können Teammuster verändern 154
Das stille Team 154
Das »konfliktschwere« Team 155
Reflektieren Sie! 158
Schaffen Sie Klarheit durch Visualisierung 158
Das Team auf Kuschelkurs 159
Das kreative Team 161

Ein virtuelles Team führen, aber wie? 163
Übung 12 166
Minimales Instrumentarium für Meetings 167
Checkliste für eine schriftliche Agenda 168
Ein Beispiel für ein Besprechungsprotokoll 169
Individueller Aktivitätenplan 170
Das kritische Teamgespräch 171
Kleine Checkliste für erfolgreiche Meetings 173
Die Prinzipien des WIR 174
Vom Glück, vertrauensvoll führen zu können 175

Weiterführende Buchempfehlungen 177

Literaturverzeichnis 179

Danksagung zur dritten Auflage 183

Genauso wenig wie ein Zitronenfalter
Zitronen faltet,
muss eine Führungskraft kräftig führen.

Einleitung

Warum minimal führen?

Minimale Führung setzt auf ein Höchstmaß an Eigenverantwortung der Mitarbeiter. Die Führungskraft fördert selbstorganisiertes Arbeiten und achtet auf den Rahmen. Einfach ausgedrückt: Sie schafft die Voraussetzungen, dass Mitarbeiter gut und zielgerichtet arbeiten können und geht dann aus dem Weg. Diese Grundhaltung beim Führen erfordert:

- Eine innere Haltung der Führungskraft, die den Mitarbeitern Vertrauen schenkt
- Strukturen und eine Kultur im Unternehmen, die diesen Führungsansatz möglich macht.

Bereits im Entstehungsjahr unserer ersten Auflage dieses Buches waren die Herausforderungen für Unternehmen auf der einen Seite:

- Schnelligkeit und
- ein Höchstmaß an Flexibilität,

um den Herausforderungen der Zukunft gerecht zu werden. Uns war klar, dass in einer modernen Welt die Förderung von Selbstverantwortung der Mitarbeiter in Unternehmen immer stärker zum entscheidenden Erfolgsfaktor werden wird. Allerdings wurden wir in Vorträgen und Seminaren noch häufig schräg angeschaut.

Dies ist heute anders:

Im Oktober 2016 verkündete Dieter Zetsche, der Vorstandsvorsitzende des Daimler-Konzerns, das Leitbild einer neuen agilen Organisation für sein Unternehmen. Spätestens seitdem ist klar: Agilität – und damit eine projekthafte Organisation mit einem Höchstmaß an Selbstverantwortung auf Mitarbeiterebene – ist ein Mega-Trend, der alle Branchen erfasst. Hinzu kommt, dass den Unternehmen die Erkenntnis wächst:

1. Unsere, noch durch eine pyramidenartige Hierarchie geprägten Strukturen sind zu starr, um die Herausforderungen einer sogenannten VUCA-Welt (Volatility, Uncertainty, Complexity, Ambiguity) zu meistern. Und:

2. Unsere Kommunikations- und Entscheidungswege, sind zu träge und langsam, um mit der nötigen Flexibilität auf die zahllosen Veränderungen zu reagieren und die erforderliche Innovationskraft und -geschwindigkeit zu entfalten.

Neue Arbeitsformen kollidieren mit alten Strukturen! Führungskräfte müssen anders führen, aber wie?

Ein großer Teil der Führungskräfte und Mitarbeiter in den Unternehmen spürt dies bei seiner Arbeit schon heute Tag für Tag. Denn faktisch werden heute bereits die Kernleistungen in den meisten Unternehmen in bereichsübergreifender, oft sogar standort-, zuweilen sogar unternehmensübergreifender Team- und Projektarbeit erbracht. Und die Innen-Außen-Grenzen in den Unternehmen? Sie werden immer durchlässiger und fließend – auch weil für die Unternehmen immer mehr »Mitarbeiter auf Zeit« wie Berater, Interim-Manager sowie Dienstleister, die Teilaufgaben erfüllen, arbeiten.

Die Unternehmen und ihre Mitarbeiter agieren also zunehmend in netzwerkartigen Strukturen, und diese kollidieren immer häufiger mit den starren Kommunikations- und Entscheidungswegen, sowie der von der tradierten Hierarchie geprägten Kultur. Eine Ursache hierfür ist: Nicht selten versucht das Management, die neuen Herausforderungen mit den alten Management-Methoden zu meistern – teils aus Unkenntnis alternativer Methoden, teils aus Gewohnheit, teils in der Angst, die Kontrolle zu verlieren.

Im Erscheinungsjahr der dritten Auflage dieses Buches können wir also sagen:

- Die Erkenntnis, dass minimale Führung eine wichtige Grundlage für erfolgreiches Unternehmertum ist, wird heute in vielen Unternehmen bereits erkannt.
- Die Umsetzung dieses Prinzips ist jedoch in vielen dieser Unternehmen noch in den Anfängen.

Warum ist die Umsetzung so schwer?

Viele Unternehmen möchten nun die Methoden der agilen Führung einführen. Agile Methoden setzt jedoch ein Verständnis von »minimaler Führung« – also partizipativer Führung – auf der Haltungsebene voraus.

Warum sollte ich als Führungskraft ein Werkzeug nutzen lernen, wenn ich innerlich noch nicht die Überzeugung habe, dass das Instrument hilfreich ist. Gleichzeitig werden die Organisationen nicht sinnstiftend verändert, so dass minimale Führung wirken könnte.

Das heißt: Die mittleren und oberen Führungskräfte wünschen sich zwar mehr Flexibilität und Innovation an der Basis. Sie sind aber noch nicht gewillt ihre Macht, beziehungsweise Teile ihrer Macht wirklich abzugeben – beispielsweise

1. aufgrund der Angst, dass die Pfründe und Privilegien verloren gehen, oder

2. aufgrund eines mangelnden Vertrauens in die Kompetenz und Loyalität der Mitarbeiter – gemäß dem verinnerlichten Credo: »Dass die Mitarbeiter mit mehr

Autonomie nicht verantwortlich umgehen können, das hat sich in der Vergangenheit schon oft gezeigt.«

So lange dieses Denken das Führungshandeln bestimmt, findet keine wahre und nachhaltige Veränderung in Richtung »minimaler Führung« statt. Denn wer eine neue fluide Organisation mit flexiblen Strukturen bauen möchte, muss auch gewillt sein, eine minimale Führung von der obersten Ebene aus vorzuleben.

Eine neue minimale Führungskultur entwickeln

Beim Entwickeln einer neuen minimalen Führungskultur stellen sich unter anderem folgende Fragen, die teilweise einen Paradigmenwechsel erfordern.

Frage 1: Welchen Werten entspringt unser neuer Führungsgedanke, was heißt das für unsere Rituale und unser Handeln?

Damit eine neue Kultur entstehen kann, braucht es einen neuen Wertekodex, der hierarchieübergreifend entwickelt werden sollte. Diesen Kodex gilt es dann in gemeinsamen Ritualen zum Leben zu entwickeln. Viele Organisationen stellen sich so zum Beispiel neuen Ritualen, um eine Fehler- oder Wagniskultur zu entwickeln, die die Grundlage für agiles Verhalten darstellt. Unternehmenseigner müssen Geld und Ressourcen zur Verfügung stellen, um einen echten Cultural Change begleiten zu lassen. Häufig soll sich die Kultur »so nebenbei mitentwickeln«, dies ist jedoch das falsche Zeichen. Eltern, denen die Kulturentwicklung Ihrer Kinder egal ist, sollten sich über die Ergebnisse nicht wundern – ebenso verhält es sich mit CEO's. Wer hier gute Ergebnisse erzielen möchte, sollte mit Kulturentwicklung beginnen!

Frage 2: Welche Führungsrollen brauchen wir zukünftig?

In einer fluiden Organisation werden die Kernleistungen weitgehend von Teams erbracht. Die Zusammensetzung der Teams wird jedoch in der Zukunft wahrscheinlich noch häufiger wechseln – d. h. projekthafte Zusammensetzungen werden oftmals die Lösung sein. Führungsspannen werden sich verändern, so dass in vielen Unternehmen People-Management, projekthafte und fachliche Führung nicht mehr in einer Person vereint sein werden. Unternehmer müssen also neue Organisationsformen entwickeln, die neue flexible Führungsrollen zulassen.

Frage 3: Wie messen und entlohnen wir künftig die (individuelle) Leistung?

Wenn die Leistung in Teams beziehungsweise Beziehungsnetzwerken erbracht wird, erhebt sich immer stärker die Frage, wie die individuelle Leistung erfasst und gerecht entlohnt wird. Auch in einer fluiden Organisation muss sichergestellt sein, dass jeder Mitarbeiter ein bestimmtes Leistungspotenzial abruft – und sich zum Beispiel nicht Einzelne auf Kosten des Teams »ausruhen«. Diesbezüglich gilt es Transparenz zu schaffen.

Im digitalen Zeitalter ist diese Kontrolle aber nicht mehr durch die Führungskraft nötig. Sie erfolgt entweder im Team, oder direkt über den Kunden oder kann auch ggfs. in Produktion durch digitale Messlatten bereitgestellt werden. Hierzu ein Beispiel: Im Vertrieb war es früher nötig, dass die Führungskraft die Ergebniszahlen mit dem Mitarbeiter in wöchentlichen oder monatlichen Jour-Fixe-Gesprächen reflektierte und so zur Kontrollinstanz wurde. Aufgrund der heutigen digitalen Möglichkeiten, kann eine Rückkopplung direkt, ähnlich wie im privaten Bereich per Kontoauszug, auf dem Smart-Phone angezeigt werden. Hier sieht der Mitarbeiter selbst: Wie groß ist mein »Haben«, und wie weit ist mein Überziehungskredit ausgereizt? Es braucht dann jedoch auch ein daran gekoppeltes und wirksames Konsequenzenmanagement. Konsequenzen müssen aber nicht mehr zwangsläufig über die Führungskraft vermittelt werden, sondern kann auch direkt aus der Zentrale durch Controlling-Stellen gesteuert werden. Diese neue Form der Leistungskontrolle bietet dann der Führungskraft noch mehr die Möglichkeit, das Lernen zu fördern und wirklich als Coach aufzutreten. Die Führungskraft wird dann nicht mehr als Kontrollinstanz gesehen und Fehler können leichter besprochen werden. Auf der anderen Seite müssen viele Firmen einen Rahmen für klares Konsequenzenmanagement schaffen. Das heißt diese Firmen brauchen klare Regeln, was für Konsequenzen es mit sich zieht, wenn die persönliche Leistung unter den Anforderungen liegt. Um dies in großen Unternehmen zu erreichen, braucht es die Bereitschaft von Führung und Betriebsräten an diesen Regeln zu arbeiten. Unsere Erkenntnisse aus der Vergangenheit zeigen aber, dass gerade die Betriebsräte hieran auch großes Interesse haben – es ist eine Farce zu glauben, dass Betriebsräte die »Schlechtleister« im Unternehmen verteidigen möchte.

Frage 4: Welche Kompetenzen werden in diesen neuen Strukturen Führungskräfte mehr brauchen, welche weniger?

Klar ist: Je mehr eine Führungskraft minimal führt, umso stärker kann sie auf fachliches Detailwissen verzichten. Sie braucht vielmehr eine höhere Beziehungskompetenz, da sie eine vertrauensvolle Kultur im Team schaffen will und auch außerhalb des eigenen Bereiches ein starker Netzwerker sein muss. Gleichzeitig steigt die Methodenkompetenz, da die Mitarbeiter sie braucht um

a) durch Coaching lernen zu können und
b) gute Meetings (Meetingformate etc.) zur Performance-Entwicklung nutzt.

Frage 5: Wie sehen die Arbeitsräume/-plätze künftig aus? Wie erzeugen wir ein Feel-Good-Klima?

Die Arbeitsumgebung und das Arbeitsequipment müssen den neuen Anforderungen angepasst werden. Nötig sind unter anderem Meetingräume und flexible Arbeitsplätze, die jederzeit auf- und abbaubar sind.

Da die Fachkräfte beziehungsweise Spezialisten zu einer immer wichtigeren Ressource werden, gilt es im Betriebsalltag folgenden Spagat zu schaffen:

1. Die Mitarbeiter leben die volle Kundenverantwortung. Und:

2. Die oberen Führungskräfte kümmern sich mit Leidenschaft um die Mitarbeiter. Sie betreiben unter anderem ein Feel-Good-Management, um die Mitarbeiter zu halten und weiterzuentwickeln.

Richard Branson, der Gründer der Virgin-Group, sagte einmal: »Clients do not come first. Employees come first. If you take care of your employees, they will take care of the clients.« Dieses Denken entspricht dem Ansatz der minimalen Führung.

Wir haben an unserem Buch zur dritten Auflage mehr Änderungen, als geplant vorgenommen, um die Umsetzung unserer Idee in den Unternehmen voranzubringen. Für viele Unternehmen hat die Umsetzung bereits beachtliche wirtschaftliche Erfolge gebracht.

Wir wünschen Ihnen viel Spaß beim Lesen und noch mehr beim Vertrauen haben und Loslassen können.

Klaus Kissel und Wolfgang Tschinkel, Oktober 2017

Minimale Führung ist nicht nur effizient, sondern auch effektiv

Wer als Führungskraft häufiger stark gefordert oder überfordert ist, kann in seiner Kommunikation mit seinem direkten Umfeld schon mal augenscheinlich »simple« Lösungen anwenden.

Zu den fünf beliebtesten Methoden im Stadium der Überforderung gehören:
- Hektische Anweisungen und Aktionismus
- Mitarbeiter anschreien nach dem Motto: Das hätte ich viel schneller erledigt.
- Mitarbeiter direkt oder indirekt drohen: »... es ist natürlich Ihre Entscheidung, aber ...«
- Verbote erteilen: »Ab sofort will ich keine Zwischengespräche mehr in der Kaffeeküche erleben!«
- Oder auch ein Vergleich mit gestern: »... Wir haben früher ...«

Weit häufiger berichten Führungskräfte heute über die ungeheure Anstrengung, den Stress, die Überforderung, den Achtzehnstundentag als über Effektivität, Erfolg, überwundene Schwierigkeiten. Unter Umständen wird dann mit einer dieser simplen Lösungen geprahlt: »Das habe ich mir nicht bieten lassen und ein Verbot verhängt!« Aber meist kommt dasselbe Problem leicht verwandelt zurück, denn diese Art des Führens gibt dem Mitarbeiter keine andere Chance, als im Untergrund Gegenmaßnahmen zu planen.

Die Folgen sind:

- Demotivation und Arbeiten nach Vorschrift (... ab heute nur noch die geforderte Mindestleistung ...)
- die viel gefürchtete Kaffeeküchen-Opposition
- innere Kündigung etc.

Wir glauben dagegen, dass es besser und auch effektiver ist, wenn Sie die Motive Ihrer Mitarbeiter, die hinter den Kaffeeküchenpausen stecken, kennen und nutzen können, um minimal führen zu können. Vielleicht nehmen Sie sich selbst die Zeit für eine Kaffeepause mit offenem Ohr für die Sorgen Ihrer Mitarbeiter.

Benutzen Sie unser Buch als einen Wegweiser zu diesem Führungsstil. Die Einführung kostet sicher nicht nur ein Umdenken, sondern auch Zeit, gleichzeitig sind wir sicher, es ist den Aufwand wert! Sie werden davon profitieren!

Der Weg beginnt bei mir selbst

Wer eine bedeutende verantwortliche Position in einem Unternehmen innehat, kann fast immer sehr detailliert sagen, an welchen Ecken es seiner Meinung nach hakt. Die Zulieferung verspätet sich, die Kollegin im Führungsstab hat sich wieder nicht an eine Absprache gehalten, ein Mitarbeiter ist alkoholabhängig, und die Sekretärin, die sonst so verlässlich die Termine auflistet und koordiniert, ist in ihren Gedanken dauernd bei der schwangeren Tochter ... Der erste und für Sie wichtigste Mitarbeiter aber, derjenige, den Sie in ihrem Unternehmen am besten im Griff haben und auf dessen Führung Sie den meisten Wert legen, bzw. die meiste Zeit und Energie verwenden sollten, ist weder die Sekretärin noch der unordentliche Kollege oder irgendein anderer Mitmensch! Der erste und wichtigste von Ihnen zu führende Mensch sind Sie selbst.

Wie ich selbst mit mir umgehe, wie ich mit meiner Arbeit umgehe, und dann auch, was das für mein Menschenbild, für meinen Umgangsstil mit Kollegen und Mitarbeitern bedeutet, DAS ist nach unserer Erfahrung die zentrale, fundamentale, die primäre Frage in jeder Führungsposition. Daher trägt auch das erste ausführliche Kapitel unseres Buches die Überschrift »ICH«. Denn zu viele Führungsfehler, die – im Resultat für ein Unternehmen katastrophale Folgen haben – basieren völlig oder im großen Maße auf der mangelnden Selbstführung der verantwortlichen Manager.

Entsprechend gewinnt das Vertrauen, das Sie in sich selbst haben als Führungskraft, aber noch mehr das Vertrauen, das Sie bereit sind in andere zu setzen im digitalen Zeitalter sehr an Bedeutung.

Ratsuchende Führungskräfte bitten wir häufig, die aktuellen Probleme ihres Arbeitsumfeldes einmal auf einem Blatt Papier aufzulisten.

In jedem Fall hilft Ihnen diese Aufteilung zunächst einmal dabei, Selbstverantwortung von Fremdverantwortung zu trennen. Mit dem Prinzip Selbstverantwortung meinen wir, dass effektive Führung nur dann möglich ist, wenn ich mich konsequent zunächst auf das konzentriere, was in meinem Einflussbereich liegt. Es hilft ja nicht wirklich, täglich mit dem Teamleiterkollegen eine Stunde über den Chef oder die schlechte EDV zu motzen, wenn in meinem Team zurzeit drei Mitarbeiter noch nicht eingearbeitet sind. Der minimale Führungsstil fängt bei einer Selbstführung an, die sich auf das konzentriert, was veränderbar ist.

»Gib mir Gelassenheit, Dinge hinzunehmen, die ich nicht ändern kann, den Mut, Dinge zu ändern, die ich ändern kann, und die Weisheit, das eine vom anderen zu unterscheiden.«

Dieses ursprünglich christliche Gebet ist auch eine weise Zielsetzung in einem minimalen, souveränen und abgeklärten Führungsstil. Dabei hat es sich unseres Erachtens bewährt, den Eigenanteil eher hoch als niedrig einzustufen. Wenn Sie zum Beispiel einen auswärtigen Termin verpassen, weil Sie an einer Autobahnbaustelle eine halbe Stunde Zeit verlieren, können Sie natürlich sagen: Der Stau ist schuld, dass ich mich verspäte. Sie könnten aber auch erkennen, dass es in Ihrer Verantwortung und zumindest innerhalb Ihrer Möglichkeiten gelegen hätte, rechtzeitig den Verkehrsfunk abzuhören und wegen der angespannten Verkehrssituation dreißig Minuten früher aufzubrechen. Eine Führungskraft, die Eigenverantwortung übernimmt und sagen kann: »Entschuldigen Sie, ich vergaß, rechtzeitig die Streckeninformationen abzurufen und die Baustelle auf der Autobahn in meiner Fahrzeit zu berücksichtigen!« kann auch umgekehrt Verantwortung einfordern, ohne dadurch Angst zu verbreiten. Gerade weil so vieles möglich und gestaltbar ist, wird nicht immer alles von allen gesehen. Ich bin nicht ein Opfer des Staus, sondern ich lerne an den Gegebenheiten und werde mein Möglichstes tun, dass der nächste Stau mein pünktliches Ankommen nicht verhindert, weil ich ihn angemessen einplanen kann.

Der Mitarbeiter ist kein Befehlsempfänger

Unsere Mitarbeiter betrachten wir nicht als »niedere Wesen, die Befehle brauchen, um zu funktionieren« oder als menschliches Rädchen in der Kette des Produktionsprozesses. Wir betrachten sie als mündige Bürger. Ihre Selbstverantwortung, ihre Kreativität, ihr Mitgestalten des gemeinsamen Weges sind wichtige Bausteine für eine hohe Motivation, eine große Identifikation und eine ergebnisorientierte, Erfolg versprechende Zusammenarbeit.

Wer seine Mitarbeiter trotz dieser bekannten Theorie oftmals wie Befehlsempfänger behandelt, braucht sich nicht zu wundern, wenn das Ergebnis baden geht. Wem es dagegen gelingt, zusammen mit seinen Mitarbeitern ein gemeinsam verantwortetes Ergebnis zu erarbeiten, erntet – nicht als Ziel, sondern als wichtigen

Übung 1 für Ihre Führungspraxis

Was konkret behindert Sie zurzeit bei Ihrer Führungsarbeit? Listen Sie alle Probleme auf einem weißen Blatt Papier auf!

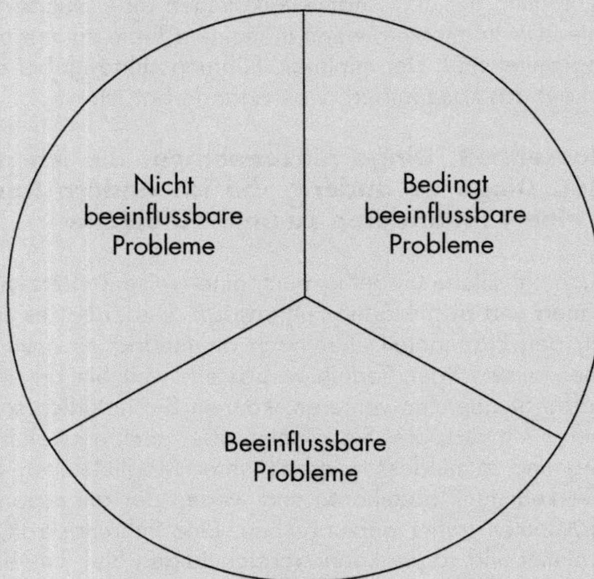

Danach markieren Sie die Probleme mit drei verschiedenfarbigen Textmarkern:

1. Alle Probleme, die **nicht in ihrem Einflussbereich** liegen, markieren Sie blau,
2. grün markiert werden die Probleme, die nur **teilweise** im eigenen Einflussbereich liegen und rot sind dann die Felder, die **ganz** im eigenen Gestaltungsbereichliegen.
3. Sollten Sie nun auf dem Blatt nur grün oder blau markierte Probleme haben, gibt es die Möglichkeit, dass um Sie herum das Chaos herrscht, nur die eigene Selbstführung ist schon perfekt. Oft ist es aber eher so, dass die Selbstreflektion nicht sehr kritisch vollzogen wurde und Sie den Schwarzen Peter schnell den anderen Beteiligten zuschieben. Sie fühlen sich als unschuldiges Opfer in einem unbeeinflussbaren, chaotischen Umfeld. »Sie können das schlechte Wetter nicht verändern, aber einen Regenschirm kaufen!« Ein verantwortungsbewusster Manager erkennt in dieser Situation die Themen, die in seinem Einflussbereich liegen und räumt hier konsequent auf, gestaltet neu und besser. Das entspricht dem Prinzip Selbstverantwortung.

Nebeneffekt – ein hohes Maß an Zufriedenheit, an Glück. Auch bei schwierigen Wegstrecken wird eine solche Führungskraft auf die Bereitschaft der Angestellten stoßen, sich den unangenehmen, strapaziösen, langweiligen und unbequemen Teilen einer gemeinsamen Gesamtaufgabe zu stellen.

Nicht nur der Dialog und das Aufeinanderwirken zwischen jeweiliger Führungskraft und einzelnen Mitarbeitern stehen heutzutage in Frage. Immer mehr werden die Synergieeffekte eines Teams von Nöten. Wenn hier nicht nur nebeneinander, sondern »Hand in Hand« gearbeitet wird, dann schafft Teamwork Sinn, dann ist sie für ein gutes Ergebnis unabdingbar.

Hier muss nicht nur im Chef selbst eine gewisse Selbstführung vorliegen und das Verhältnis zum einzelnen Mitarbeiter stimmen. Auch das »Wir« muss funktionieren. Und hier kommen sie dann auch, die Schlagwörter der Managementseminare: Synergieeffekte, Teammanagement, Konfliktfähigkeit, Motivation, Zusammenhalt etc. Vieles davon ist gut und wichtig, aber wir werden in diesem Buch auch ausmisten.

Fakt aus unserer Sicht ist: Wenn das Team nicht »miteinander kann«, dann kann das Ergebnis langfristig nicht so gut sein wie bei einem kooperativen, gut aufeinander abgestimmten Arbeitsablauf motivierter Mitglieder. Und schließlich werden Sie als Führungskraft und Unternehmer dafür bezahlt, dass ein gutes Ergebnis erreicht wird. Nicht die konfliktfreie Kaffeepause, sondern ein engagiertes Arbeiten sollte das Team erreichen. Zusammen und miteinander. Dass eine solche gute und erfolgreiche Umsetzung der Ziele für zufriedene Gesichter sorgt, ist dann das Schöne im Berufsleben.

Glück strebt man besser nicht an. Glück stellt sich von selbst ein, wenn wir Erstrebenswertes erreicht haben oder ihm deutlich nähergekommen sind.

Primäres Ziel aller Interaktionen ist das zu erreichende Ergebnis. Solange wir nicht auf einem lockeren Urlaubstrip das Zusammensein selbst als Zentrum unserer Unternehmung sehen, muss das Ergebnis klar sein. »Ergebnisorientierung« gilt seit Langem als Grundforderung an jegliches Management.

Wir gehen aufgrund unserer Erfahrungen immer mehr davon aus, dass eine disziplinierte Selbstführung, eine den Mitarbeiter in seinem Selbstmanagement fördernde, dialogorientierte Führung und das Ermöglichen eines motivierten, kooperativen, engagierten Teams in modernen Unternehmen der beste Weg zu einem guten Ergebnis ist. Sekundär ist dies außerdem der beste Weg zu einer hohen Leistungsbereitschaft und – nach geleisteter Arbeit – inneren Zufriedenheit der Mitarbeiter.

Der Aufbau des Buches

Sie als Führungsperson und Persönlichkeit, der einzelne Mitarbeiter und Ihr Team sind die Grundlage, auf der Ihr Unternehmen, Ihre Firma zu einem guten Ergebnis kommen will. An diesen drei Säulen: Leitung, Mitarbeiter und Team/Kooperation orientiert sich auch dieses Buch. Natürlich sind auch Faktoren wie Weltwirtschaft, politische Gesetzgebung, Kaufkraft und vieles mehr wichtig für jedes Unternehmen. Aber beeinflussen können Sie als Führungskraft letztlich nur sich selbst, die einzelnen Mitarbeiter und das Zusammenspiel der ihnen zugeordneten Personen. Das mag man im Einzelnen bedauern und sich aufgrund bürokratischer Hürden, lähmender Gesetze oder brachialer Methoden der Konkurrenz oft genug die Haare raufen. Letztlich ist unser Gestaltungsbereich begrenzt. Und je bewusster wir diese Grenze akzeptieren, desto besser können wir die zu gestaltenden Bereiche ausfüllen und in unserem Sinne prägen. Diese Gelassenheit, das Unabänderliche anzunehmen, der Mut, das Veränderbare aktiv zu gestalten, und die Weisheit, zwischen beidem zu unterscheiden, sind eine Grundlage im Prinzip der minimalen Führung.

Wir beginnen mit dem Kapitel **ICH**, in dem wir Ihnen Wege der Selbstführung vorschlagen, die sich positiv auf Ihre eigene Person und auf Ihre Leitungsaufgabe in der Firma auswirken. Der erste Mensch, den Sie sorgfältig zu führen haben, sind nun mal Sie selbst.

Im Kapitel **DU** geben wir Impulse zu einem effektiven Umgang mit dem Mitarbeiter, den Sie zu leiten und im Dialog zu begleiten haben. Wir gehen dabei davon aus, dass Sie das größte Potenzial wecken und die beste Entwicklung fördern können, wenn Sie ihren Mitarbeiter ernst nehmen und in einen für beide Seiten konstruktiven Dialog treten. Sie haben eigentlich schon mit dem Kauf dieses Buches erklärt, dass Sie sich selbst entwickeln, eigenständig weiterbilden und effektiver gestalten wollen. Wir gehen davon aus, dass auch Ihr Mitarbeiter ein Mensch ist, der sich selbst »führen« will. Wie dies so gelingen kann, dass die verschiedenen Potenziale jedes einzelnen Mitarbeiters zu einem gemeinsamen möglichst großen Erfolg gebündelt werden können, werden wir hier vorbereiten.

Nicht nur der Einzelne, sondern auch das Team, das Zusammenspiel der einzelnen Mitarbeiter und der jeweiligen Leitung zum gemeinsamen Erfolg – oder Misserfolg sind in modernen Betrieben relevant. Wie Sie sich mit den verschiedenen Personen auf ein gemeinsames Ziel hin ausrichten, wollen wir unter **WIR** behandeln. Dabei gehen wir davon aus, dass jedes Team ein lernbegieriges Ensemble ist, das geleitet, gestört, entwickelt – aber nicht beherrscht werden kann. Ein Fußballtrainer weiß, dass seine Aufstellung wichtig, seine Strategie relevant und sein flammender Appell in der Halbzeitpause entscheidend sein kann. Aber er kann keinen Torerfolg befehlen, ohne sich lächerlich zu machen.

Wir sind der festen Überzeugung, dass eine Führungspersönlichkeit mit minimaler Energie zu einem guten Ergebnis kommt, wenn sie

- sich **selbst gut führt**,
- den einzelnen **Mitarbeiter** angemessen behandelt und mit diesem effektiv kommuniziert und dazu noch
- sein **Team** versteht und adäquat reagieren und agieren kann – und auch vertrauen kann und loslassen.

Dabei können wir nicht versprechen, dass die Umstellung auf ein solches Verhalten immer mit geringem Einsatz zu leisten wäre. Veränderungen sind wie ein Umzug: zeitaufwendig und stressig. Manchmal werden Sie vielleicht das Gefühl haben, im Chaos zu versinken. Zu viele Schwerpunkte müssen verändert, zu viele Angewohnheiten umgestellt werden. Gerade wenn Sie vorher wenig Zeit auf die Reflexion der eigenen Aktivität verwandt oder selten zugehört haben, werden Sie einige Male in die Versuchung kommen, unser Buch mit einem wütenden »Die wissen nicht, was für Exemplare in meinem Team zu finden sind!« Richtung Papierkorb zu donnern.

Sicher, manchmal erscheinen die Situationen sehr komplex und nur mit hohem Aufwand lösbar. Oft ist die Lösung aber schon damit gefunden, dass ich meine Haltung gegenüber einer Situation ändere. Vielleicht hilft ein kleiner Dreh an einer Stelle, an die Sie bislang nicht gedacht haben.

Diese kleinen Geheimnisse möchten wir lüften. Dabei glauben wir, dass auch in schwierigen Situationen **Gelassenheit und Leichtigkeit** ein wichtiger Schlüssel zum Erfolg im Führungsalltag sind.

Ein Weg zu dieser inneren Gelassenheit ist das Prozessmanagement nach den Prinzipien der minimalen Führung. Unsere Hinweise, die Sie zu einem leichteren und gleichzeitig souveräneren Führungsstil führen wollen, beruhen auf unserer vieljährigen Erfahrung als Berater, Trainer und Coach bei der Begleitung von Führungskräften in scheinbar unlösbaren Situationen. Kurzum: Das Prinzip der minimalen Führung ist nicht nur härtegetestet, sondern inzwischen über viele Jahre sehr erfolgreich praxiserprobt!

Wir sagen aber nicht, dass ein »Umzug« aus Ihrem bisherigen Leitungsstil in unser Prinzip keine Arbeit macht. Wir sagen nur: Die neue Wohnung wird Ihnen besser gefallen. Auch wenn es eine Weile dauert, bis die Wände neu gestrichen, die Vorhänge platziert, die Kisten wieder ausgepackt und die Saat im Garten aufgegangen ist! Mehr Licht, bessere Dämmung, günstige Miete und ein blühender, fruchtbarer Garten – mit minimaler Dauerinvestition – das ist das Ziel! Nicht schon der Weg!

Die Weisheit des Lebens besteht im Ausschalten der unwesentlichen Dinge.

Chinesische Weisheit

ICH – Selbstführung

Vorgesetzte werden vorgesetzt

Wer sich nicht selbst erkennt, wie soll der andere kennen?
Wer sich nicht selber führt, wo führt der andere hin?

Die Person, die in einer Firma zum Vorgesetzten über andere Menschen aufsteigt, wurde in den seltensten Fällen von diesen gewählt. Ja, selbst eindeutig gewählte Amtsinhaber sind, ob Bundesregierung, Gewerkschaftsvorsitz oder Sportbund, häufig nicht von denen gewählt, denen sie direkt vorsitzen. Und selbst die direkt Gewählten, vom Klassensprecher in der Schule bis zur Betriebsrätin im Unternehmen, haben im günstigsten Fall das Vertrauen vieler, aber nicht immer viel Macht. Eine Wahl ist natürlich nur eine Möglichkeit, auf die Rechtmäßigkeit des Führungsanspruchs hinzuweisen. Wer anderen Menschen »vorgesetzt« wird, sollte sich, wenn nicht durch Vertrauen, dann eben durch die größere Kompetenz von den zugeordneten Mitarbeitern unterscheiden!

Es sollte die Person führen, die die größeren Fähigkeiten zur Führung hat! Das ist logisch, entspricht aber leider nicht immer der Realität! Wir empfehlen daher vielen Führungskräften, sich eine wichtige Frage zu stellen:

»Warum sollten Menschen mir folgen?«

Welche Antworten finden Sie auf diese Frage?

Führungskraft und Eltern sind ungelernte Berufe mit hoher Verantwortung

In vielen Betrieben werden Menschen zu Vorgesetzten, die vielleicht ausgezeichnete Biologen oder Mediziner sind, Finanziers oder Verkaufstalente. Manchmal sind es hervorragende Redner, manchmal schüchterne oder auch aufbrausende Mitarbeiter, die sich durch eine Besonderheit in ihrer Persönlichkeit zur Führungskraft empfohlen haben.

Manche sind schrecklich unstrukturiert, wenn sie als Führungskraft beginnen. Wohlwollende geduldige Mitarbeiter, heimlich dienende Koordinatoren, ein vermittelnder Ehepartner im Hintergrund und leidensbereite »Wasserträger« können auch manch chaotisches Ausnahmetalent bei einer großen Leistung begleiten. Für alle, die nicht durch die Intelligenz eines Einstein oder Beethoven überzeugen können, ist ein gehöriges Maß an Selbsterkenntnis, Selbstführung und die Bereitschaft zum Führen-Lernen auch nach unserer minimalen Methode unerlässlich. Alles andere ist Augenwischerei und gefährliches Laisser-faire.

Wer am falschen Punkt mit dem nötigen Aufwand spart, kann wie die Titanic mit großem Rummel starten – wird aber häufig wegen hoher Geschwindigkeit und fehlender Fürsorge für Passagiere/Mitarbeiter am ersten Eisberg ohne Rettungsboot zerschellen.

Weniger groß, weniger laut, weniger schnell, aber stetig, für alle Betroffenen verlässlich, sichernd und einschätzbar wäre nicht nur im Falle der Titanic die bessere Alternative.

Führungskräften, die eine Firma zur Selbstverwirklichung riskanter Ideen ausnutzen, ist oft nicht hinlänglich bewusst, welche Güter, wessen Kapital und welche Lebensläufe sie – etwa durch Verlust des Arbeitsplatzes oder der in Aktien angelegten Ersparnisse – durch Leitungsfehler zerstören oder zumindest massiv beeinträchtigen.

In der Schnelllebigkeit der Moderne braucht es ohne Zweifel auch den Mut zum Risiko und die Bereitschaft zu kreativer Innovation. Aber selbst für einen die Grenzen der Fliehkraft ausreizender Formel Eins-Fahrer bedeutet dies, innerhalb der Kurve nicht in die Palisaden zu krachen, sondern das Ziel zu erreichen.

Mitarbeiter in der modernen Zeit wünschen sich also Führungskräfte, die verlässlich agieren, Ihre Verantwortung ernst nehmen und dies durch klare und verbindliche Kommunikation zeigen. Die fachliche Kompetenz zur Ausübung des Führungsberufes rückt dann eher in den Hintergrund – ist aber von Fall zu Fall auch wichtig, um von den Mitarbeitern als Ratsuchender und kompetente Beratungsstelle aufgesucht zu werden.

Und es ist Ihre nur Entscheidung ob Sie sich lieber mit Ihrem Smartphone und den Kennzahlen beschäftigen oder mit Ihren Mitarbeitern.

Integrieren Sie Ihr »Hänschen«

»Was Hänschen nicht lernt, lernt Hans nimmermehr!« – Wenn Sie dieses Sprichwort als Kind ertragen mussten, können wir Sie beruhigen. Auch Hans kann noch lernen. Aber in der Umkehrung wird dieser Satz, der meist dazu benutzt wird, kleinen Kindern Wohlverhalten beizubringen bzw. aufzudrücken, ein wahrer Segen oder auch Fluch. Oder, Was Tinchen erlebte, wird Tina weiter bestimmen! Was Hänschen gelernt hat, wird er nicht mehr los!

Das bedeutet – ohne in diesem Buchl weitschweifend auf psychologischen Weiden zu grasen –, dass sich jede Führungskraft mit ihren eigenen Lernerfahrungen als geführte, erzogene, geprägte Person auseinandersetzen muss. Denn diese Erfahrungen prägen ihren eigenen Stil mehr als jede im Studium, auf Seminaren oder aus Büchern gelernte Theorie.

Wie interessant ist es für Sie, der Frage einmal nachzugehen:
Welche Führungsprinzipien herrschten in Ihrer Kindheit?

Galt der Spruch: § 1 Papa hat immer recht! § 2 Wenn er nicht recht hat, tritt § 1 in Kraft!? Oder war es eine offiziell autoritäre, aber real partnerschaftliche Version, etwa: Was Papa sagt, wird gemacht. (Papa berät mit Mama, was er sagen soll! Vorlieben der Kinder werden nach Möglichkeit berücksichtigt.) Oder hatte Mama meistens recht?

Gab es zwei Erziehungspersonen, oder die enge Bindung an ein alleinerziehendes Elternteil, dass auch allein alle Entscheidungen zu treffen hatte. Wechselten die Bezugspersonen und am Wochenende gab es ein anderes Zimmer, andere Eltern, andere Regeln.

Gab es lebhafte Diskussionen und ein Ringen um Entscheidungen am Mittagstisch? Vielleicht hatte der Lauteste recht, oder setzte sich gerade der, der laut wurde, dadurch ins Unrecht?

Die Generationen- und Geschlechterrollen: Vater, Mutter, Bruder, Schwester – wer entschied, was sich wie gehörte? Was hatte die Großmutter zu sagen? Wer übernahm Verantwortung? Wer war »nie« da? Und wenn Sie sich an gemeinsame Gesellschaftsspiele erinnern, wie gelassen wurde verloren, wie triumphierend gewonnen? Wer konnte heimlich absichtlich verlieren, wenn das Gegenüber gerade dringend eine kleine Ermutigung brauchte?

Wenn Sie sich bitte zurückversetzen an den Familientisch Ihrer Kindheit. Welche Regeln galten und wer stellte sie auf? Sicher finden Sie einige Bilder, die Sie auch auf sich selbst übertragen können. Und zwar sowohl nachahmend wie etwa bewusst kontrastierend zum Verhalten der Menschen, von denen Sie erzogen und auf das selbstständige Leben vorbereitet wurden.

Wie stark prägen mich heute noch diese in der Kindheit erworbenen Führungsprinzipien?

Und natürlich wurde diese Prägung durch ertragene Leitung nicht nur in der Erziehung daheim, sondern auch in Kindergarten und Schule erworben. War Ihr Lieblingslehrer »hart aber gerecht« – oder eher eine sanftmütige Seele, zu der Sie mit jeder Sorge kommen konnten?

Und wenn Sie körperliche Strafen erfahren mussten, haben Sie daraus die Konsequenz gezogen: »Ich werde niemals körperlich verletzen!«, oder hat sich Ihnen der Grundsatz eingeschrieben: »Das hat noch niemandem geschadet ...!«?

Auch wenn Sie das »Hänschen« im Hans, das Tinchen in der Tina niemals so ganz loswerden, je bewusster Sie es kennen, desto souveräner können Sie es nutzen oder auch in seine Schranken weisen.

Dabei können Sie ruhig auf Wertungen verzichten. Segen und Fluch liegen hier oft direkt nebeneinander. Die Grenze zwischen Autorität einfordern und Autorität missbrauchen, zwischen Respekt und Furcht, zwischen kreativ und ungezogen, usw. ist nicht immer eindeutig zu ziehen. Es ist wichtig, die eigenen Erfahrungen bewusst zu reflektieren. Aber ein buntes Feld der Erinnerungen lässt sich sicher nicht immer in die Eindeutigkeit von gut und böse sortieren.

Nun vergleichen Sie die Prägungen von Hänschen mit ihrem heutigen Hans!

Hat Hänschen in Angst und Scheu vor anderen Autoritäten kein gefestigtes Selbstbewusstsein entwickeln können, fällt es Hans sehr schwer, Kritik an seiner Person ohne innere Krise zu akzeptieren. Erstens, weil jede Kritik als tiefer Angriff auf das eigene Selbst erlebt wird, zweitens, weil die früher erlebten Autoritäten Kritik nicht duldeten. Der arme Hans steht hier auf einem wackligen Drahtseil und versucht relativ nervös oben zu bleiben. Jeder kritische Schubs wird vom inneren Hänschen als Generalangriff interpretiert, der sich per se nicht gehört. Findet er trotzdem statt, beweist dies erst recht sein Versagen.

»Tina« scheint dagegen beispielsweise geradezu begierig nach Feedback jedweder Art. Das »Tinchen« im Innern weiß eben, dass es schon ganz toll ist. »Bitte beachtet mich und helft mir, mich noch weiter zu verbessern!« – Manch zarterem Gemüt kann auch eine solche Führungskraft auf die Nerven gehen. Insgesamt ist es allerdings mit solch einem selbstbewussten Kind in der eigenen Seele leichter, nicht jede Kritik und jede Krise als Angriff auf die gesamte Existenz zu interpretieren – das macht es dann auch den Mitarbeitern leichter, ein offenes Wort zu führen.

Lernen Sie Ihr Kindheitsmuster bezüglich Führung kennen. Und vor allem, nehmen Sie es liebevoll an! Gerade die zerbrechlichen und angsterfüllten Momente in Ihrer Geschichte verlangen Ihren Respekt. Ein Choleriker, der sich selbst vergeben kann, kann sich auch entschuldigen. Ein anderer, der verzweifelt die Luft anhält, um nicht zu explodieren, merkt vielleicht gar nicht, wie vergiftend sein Schweigen schon lange auf die anderen wirkt.

Und jemand, dem das Glück widerfuhr, als geliebtes, geachtetes, vielleicht sogar angehimmeltes und sehr selbstbewusstes Kind groß zu werden, der sollte es schmunzelnd akzeptieren, dass noch nicht alle auf dieser Erde von seiner Genialität überzeugt sind. Und dass er sein eigenes übersteigertes Selbstwertgefühl nicht abwürgen muss. Er sollte es nur nicht für objektiv halten.

Übung 2 für Ihre Führungspraxis

Eine wichtige Eigenschaft von Führungskräften ist die Fähigkeit zur Selbstreflektion:

1. Welche Führungsprinzipien galten in meinem Elternhaus. Zum Beispiel: Der Lauteste hatte bei uns immer recht! Wenn Du Leistung zeigst, wirst Du auch ordentlich belohnt! Was heut nicht wird, kann vielleicht morgen werden? Egal was passierte, ich hatte immer das volle Vertrauen meiner Eltern ... etc.

   Auch in Ihrer Zeit in Kindergarten, Schule, Ausbildung sind Sie prägenden Führungsprinzipien begegnet. Erinnern Sie sich und schreiben Sie diese auf! Die spontane erste Idee klingt vielleicht nicht so ausgewogen und fair, trifft aber oft den Kern Ihrer persönlichen Erfahrung. Lassen Sie sich Zeit, um sowohl positiv, wie negativ erlebte Erfahrungen Ihres kindlichen Geführt-Werdens zu Papier zu bringen.

2. Suchen Sie sich nun einen Freund, Kollegen oder auch Mitarbeiter, dem Sie so gut vertrauen, dass Sie ihm diese Liste gerne zeigen können. Dieser Feedbackpartner sollte natürlich auch Einblick in Ihr Führungsverhalten zu Hause oder in dem Unternehmen haben. Fragen Sie, ob er bereit ist, Ihnen Feedback zu geben und zeigen Sie ihm die angefertigte Liste der Führungsprinzipien. Fragen Sie ihn: »Wenn Du mein Führungsverhalten mit diesen Prinzipien spiegelst: Welches Prinzip passt zu mir und meinem heutigen Verhalten? Was ist anders? Oder, fragen Sie ihn selbst, wie er sie beschreibt und vergleichen Sie gemeinsam danach, wie weit sein Bild und Ihr Selbstbild übereinstimmt und welche Gewichte anders gesetzt sind.

3. Nun schreiben Sie – gerne mit Hilfe Ihres Partners – die eigenen Führungsprinzipien auf. Auch hier ist Ehrlichkeit vor sich selbst nützlicher, als eine geglättete wohlwollende Formulierung.

4. Formulieren Sie die Vor- und Nachteile der für Ihr eigenes Verhalten gefundenen Prinzipien.

Vielleicht können Sie das eine oder andere Prinzip, das Sie als vornehmlich hinderlich erfahren, ändern. Normalerweise ist aber ein Aufgeben der in der eigenen Kindheit geprägten und erworbenen Verhaltensmuster schwierig. Uns erscheint es in der Praxis hilfreicher, die gelernten Prinzipien in förderlichere Formen zu transformieren.

Einige Beispiele für solche Prinzipien, die es zu transformieren gilt:

»Leistung lohnt sich – da nur Leistung belohnt wird.« Das galt schon am Familientisch Ihrer Kindheit – und das gilt für Sie noch heute! Sie stellen fest, dass Sie vor allem die Leistungsträger Ihrer Firma im Augenmerk haben. Diese werden begleitet, unterstützt und gelobt. Wenn Leistung sich lohnt, sollte dies doch auch für die augenscheinlich schwächeren Mitarbeiter gelten. Belohnen Sie die Leistungsstarken mit Delegation, Selbstführung, Eigenständigkeit. Die anderen aber erhalten Förderung – sie sind Ihnen wichtig, Leistung ist wichtig, Sie erkennen Ihre Aufgabe, auch bei diesen Personen die Leistung zu fördern!

»Wer brüllt, erscheint stark!« – Sie haben als Kind gelernt, dass cholerische Wutanfälle Angst machen und unterdrücken. Der Lauteste hat sich häufig durchgesetzt. Gleichzeitig entdecken Sie in Ihrem eigenen Verhalten immer wieder die cholerischen Züge eines Elternteils. Ein wütendes Brüllen ist häufig Ihre Art, Ihren Mitarbeitern mitzuteilen, was Ihnen nicht passt. Der Vorteil jedes Wutanfalls ist, dass das Gegenüber die Position des Tobenden recht ungeschminkt und konkret zur Kenntnis nehmen muss. Die Art und Weise dieser Kenntnisübermittlung aber ist fragwürdig, ja oft kontraproduktiv – auch dies wissen Sie, wenn Sie sich an das zitternde Tinchen, das bebende Hänschen erinnern, welches in Kindertagen niedergebrüllt wurde. – Ihr Leitungsprinzip könnte auch lauten: Ich sage manchmal sehr ehrlich – aber im Ton zu laut, was mir nicht passt. Wenn ich mich beruhigt habe, entschuldige ich mich für den Ton – der Inhalt bleibt mir aber wichtig! Darüber kann dann in Ruhe gesprochen werden.

»Indianer kennen keinen Schmerz« – Weinen galt in Ihrer Kindheit als unverzeihliche Niederlage. Sie können selbst nur schwer Traurigkeit zeigen, wenn etwas tragisches passiert, z. B. der Tod eines Kollegen. Oder Sie gelten heute als »hart«, da Sie nicht damit umgehen können, wenn einer Ihrer Mitarbeiter weint. Aber: »Manche Indianer trauen sich sogar, vor einem feindlichen Indianer zu weinen!« – Es ist ein Zeichen von Reife und Vertrauen, Schmerz zu zeigen. Gezeigter Schmerz erfordert Respekt, aber er erzwingt keine inhaltliche Veränderung. Ich lasse mich nicht hilflos erpressen und ich reagiere gleichzeitig nicht mit Verachtung. »Indianer bewahren höfliche Haltung!« Tränen sind erlaubt – aber sie sind kein Argument!

Es geht nicht darum, die Prinzipien über Bord zu schmeißen – das gelingt sowieso nicht, da die erste Führungsstube, unser Elternhaus, einen prägenden Einfluss hatte. Es gelingt uns aber in der Regel gut, mögliche negative Folgen der Prinzipien, die uns zutiefst prägen, zu hinterfragen und umzuformulieren.

Schlechte Erfahrungen verarbeiten und abhaken – gute teilen

Haben Sie schon einmal einen Menschen getroffen, der den Müll, der im Haus entsteht, die Reklame, die aus seinem Briefkasten quillt, und die zerbrochenen Scherben heruntergefallener Tassen ordentlich in ein Regal ins Wohnzimmer räumt und jeden Tag genüsslich anschaut und regelmäßig abstaubt? Nein? Wir auch nicht! Trotzdem verhalten sich viele Menschen, und somit leider auch viele Führungskräfte, so. Schlechte Erfahrungen mit anderen Menschen schmeißen wir nicht in den Müll; wir stauben sie ab, räumen sie ins Regal, werfen immer wieder einen (leidenden) Blick darauf. Wir belasten uns damit eine lange Zeit.

Das Missverständnis mit einem Kollegen, der unnötige Anruf aus der Personalabteilung, die mitten ins Gespräch geplatzte Praktikantin, die flapsige Bemerkung des eigenen Chefs über den unaufgeräumten Schreibtisch, all das kann tagelange schlechte Laune produzieren.

Jeder Mensch betätigt selbstverständlich die Toilettenspülung. Aber unsere seelischen Exkremente umkreisen viele Personen oft einer Horde Schmeißfliegen gleich. Während ein Adler jeden Unrat sorgfältig und gelassen aus seinem Horst wirft, pflegen manche Menschen eine erfahrene Demütigung, eine vielleicht ungerechtfertigte Kritik oder eine andere Verletzung in masochistischem Selbstmitleid immer und immer wieder unverändert oder sogar mit wachsenden gewalttätigen Fantasien angereichert zu memorieren.

In einem Unternehmen wurden wir wegen starker Spannungen zwischen zwei weiblichen Führungskräften zur Beratung hinzugezogen. Beide Führungskräfte agierten als Bereichsleiter auf derselben hierarchischen Ebene. Während die eine seit zwanzig Jahren im Betrieb dabei war, hatte die andere erst zwei Dienstjahre in diesem Unternehmen hinter sich. Die beiden teilten sich ein Büro, aber die Zusammenarbeit der beiden Kolleginnen hakte an allen Ecken. Die Spannungen wirkten sich auf weitere Bereiche der Firma aus. Deswegen wurde eine Konfliktmoderation, die auf fünf Sitzungen beschränkt war, mit uns initiiert.

Für uns war spannend, dass erst beim vierten Treffen der hinter den täglichen Reibereien stehende wirkliche Konfliktauslöser zur Sprache kam. Nach einigem Hin und Her brach es aus der älteren Abteilungsleiterin stöhnend heraus: »Alles hat doch damit begonnen, dass sie mir schon seit ihrem ersten Tag den Parkplatz wegnimmt! Seitdem muss ich viel weiter von der Firma entfernt parken. Und jeden Morgen ärgere ich mich, wenn ich in die Firma komme. Wie damals bei meiner Studienkollegin, die mir immer meine Skripten geklaut hat.«

Interessanterweise hatte diese Kollegin ihre später in die Firma eingetretene jüngere Kollegin nie auf dieses Thema angesprochen. Stattdessen wurden täglich Themen der Aktenablage, einer reibungsloseren Zusammenarbeit oder auch der Frage, »Soll das Fenster geschlossen werden oder offenbleiben?«, thematisiert.

Wer schon mit der Stimmung: »Die klaut mir den Parkplatz, und dann grüßt sie mich noch, das falsche Biest!« in den gemeinsamen Arbeitsraum tritt, kann nicht lange auf ein freundliches Gegenüber hoffen. Hier gilt ja der nette Gruß per se als »falsch«. Die sich später einstellende Kälte auch auf der Gegenseite bestätigte der älteren Führungskraft nur, wie böse die Kollegin es von Anfang an gemeint hatte. Und jeden Morgen bestätigte der vermeintliche Parkplatzdiebstahl dieses Bild. Grundsätzlich wäre es nun nicht schwierig gewesen, diesen Sachkonflikt zu lösen, hätte sich nicht über die Klärung dieses Missverständnisses herausgestellt, dass das Entstehen der Unterstellung »die Neue klaut mir den Parkplatz« seinen Ursprung in Projektionen hat. Die ältere Kollegin verglich das Auftreten und Wirken der neuen Kollegin ständig mit einer »verhassten« Kommilitonin aus ihrer Studienzeit. Alles Tun wurde von da an negativ aufgenommen und gewertet. Die Auflösung dieser Projektion im Konfliktgespräch war für beide Mitarbeiter sehr hilfreich.

Anschließend war die Regelung einer künftigen Zusammenarbeit eine vergleichsweise einfache Aufgabe. Denn nachdem der ursprüngliche Konfliktanlass einmal ausgesprochen war, stellte sich heraus, dass die neue Parkregelung in keiner Weise von der Jüngeren veranlasst worden war. Andere Gründe hatten die Firmenleitung zufällig zu Einstellungsbeginn zu einer neuen Parkplatzregel veranlasst. Die jüngere Kollegin wusste gar nichts von dem konkreten Anlass für den aufgestauten Ärger und hatte ursächlich nichts damit zu tun. Für sie war es dann auch kein Problem, intern mit der Kollegin den Parkplatz zu tauschen und gleichzeitig andere für sie persönlich wichtige Punkte in der Zusammenarbeit durchzusetzen. Das Klima hat sich seitdem stark verbessert.

Was können wir aus diesem Beispiel lernen?

Entscheiden Sie nun, was sie mit dem Konflikt machen möchten.

- Ist Ihnen bei der Reflektion vieles klar geworden, und können Sie die Person anders sehen und schätzen?
- Möchten Sie es ansprechen und offen austauschen?
- Hat sich der Konflikt durch die eigene Reflektion in gewisser Weise schon erledigt?

Und wenn Sie möchten, können Sie noch über eine besondere Frage am Schluss nachdenken: Wie würde sich der Ärger über den anderen verändern, wenn Sie wüssten, die Person mag Sie?

(Diese Punkte können Sie natürlich auch im Konflikt mit Lebenspartnern, Kindern, Eltern, Freunden und sogar Konkurrenten oder Feinden anwenden!)

Ein hohes Maß an Führungsqualität können gerade die Menschen erreichen, die ihre eigenen Prägungen, schlimme Verletzungen und positive Förderungen, Dispositionen und Grenzen in einem großen Maß reflektiert und integriert haben. Wer selbst in der Kinderstube unter einem autoritären, lauten, undialogischen Vater gelitten hat und das von sich reflexiv weiß, kann sich selbst schneller in den Griff

Übung 3 für Ihre Führungspraxis

1. Suchen Sie sich eine Person in Ihrem Berufsfeld aus, die Sie nicht mögen, und schreiben Sie den Namen auf.

2. Welches Verhalten mögen Sie an ihr nicht?

3. Welche Verhaltensweisen mögen Sie an sich selbst nicht? Gibt es hier Parallelen?

4. Wenn nicht, reflektieren Sie weiter, denn alles, was uns am anderen stört, hat eine Beziehung zu unserer eigenen Geschichte. Das »falsche« Grinsen, die »unmöglichen Kleider«, der aufdringliche Geruch, das vorlaute Stören ... Wenn uns etwas am anderen über die Maßen stört, hat es immer auch mit uns selbst zu tun. Welche Beziehung können Sie zwischen dem Verhalten und Ihrer Geschichte herstellen?

5. Wenn Sie dies nicht finden, können Sie einen Kollegen oder Freund um Feedback hierzu bitten.Dieser Mensch kann vielleicht die Gemeinsamkeit erkennen und Ihnen hierzu Rückmeldung geben – das könnte ein interessanter Austausch werden.

6. Nachdem Sie dies reflektiert haben, können Sie sich die Frage stellen: »Was schätze ich an dieser Konfliktperson?« Das kann sich sowohl auf ihren Charakter als auch auf ihre Arbeit im Unternehmen beziehen.

7. Was hat sich nun verändert? Wie ändert sich Ihr Verhältnis zu der Konfliktperson?

kriegen, wenn er sich über eine lautstark vorgetragene aber unpraktikable Idee des Vorgesetzten ärgern muss. Und er kann sich entschuldigen, wenn er selbst impulsiv jemanden angebrüllt hat.

Es ist nicht richtig, Verletzungen zu ignorieren. Im Gegenteil! Wir plädieren für eine ausgeprägte und ruhig auch zeitintensive Selbstwahrnehmung. Auch Demütigungen, etwa durch das Erfahren des Spitznamens, den man im Team heimlich hat, oder ein Übersehen-Werden bei der erwarteten Beförderung, eine ausbleibende positive Bewertung der guten Leistung durch den eigenen Chef etc. können nicht ohne Spätfolgen verdrängt werden. Das hieße dann, den Müll voreilig im Wohnzimmerschrank zu verschließen. Nach einigen Tagen fängt ein solcher Umgang mit den eigenen Gefühlen immer an zu stinken. Verdrängte Demütigungen und ignorierte Verletzungen sind wie Minen. Irgendwann, wenn Sie es überhaupt nicht gebrauchen können, explodieren sie. Als peinliche Bemerkung, die Sie besser nicht gemacht hätten, als Magengeschwür oder Depression, als unbewusster Racheakt, als überzogene Schikane gegenüber Dritten usw.!

Beseitigen Sie Ihren Müll

Betrachten Sie negative Erfahrungen und Gefühle in aller Ruhe. Wir können eine negative Erfahrung nicht einfach entsorgen. Es macht jedoch einen Unterschied, ob wir die Erfahrung zu einer Bestätigung eines schon vorhandenen Vorurteils nutzen: »Die ist immer gemein!«, oder ob wir erkennen, dass wir nur selektiv wahrnehmen und z. B. jede Äußerung dieser Person auf den unterstellten gemeinen Kern reduzieren.

Arbeiten Sie Verletzungen der Vergangenheit konsequent ab. Zum Beispiel, indem Sie sich mit Freunden, Ihrem Partner oder einem Berater besprechen. Oder Sie machen erstmal ein ordentliches Work-out? Sie sind ein verkannter Künstler und toben sich mit einem wüsten Bild aus? Sie schreiben sich die Wut von der Seele – und genießen dann aber möglichst auch das Zugrundegehen dieser im surrenden Geräusch des Aktenvernichters? Oder Sie kombinieren diese und andere Entsorgungsmöglichkeiten. Verabschieden Sie den seelischen Müll möglichst zeitnah und bewusst in der Ihnen selbst angemessenen Weise der Entsorgung, und nehmen Sie sich dazu die nötige Zeit!
Und tragen Sie die schlechte Laune, das eigene Zurückgesetzt-Fühlen oder die Ihnen angetragene Überforderung nicht an anderen aus!

Ihre gute Laune dagegen sollte ruhig allen gehören. Eine motivierte, gut aufgelegte Führungskraft, die freundlich grüßt und sich von kleinen Widrigkeiten nicht gleich aus dem Konzept bringen lässt, ist für einen Betrieb wie ein sanfter Wasserstrahl im Gewächshaus. Natürlich werden Sie nicht immer gut gelaunt sein. Ein ewiges Grinsen würde Ihnen auch keiner abnehmen.

Aber versuchen Sie positiv zu denken. Sehen Sie das halbvolle Glas, nicht das halbleere. Ihre schlechte Laune, Wut und Missstimmung an manchen Tagen können und sollen Sie nicht ganz verheimlichen. Aber tragen Sie die eigene miese Laune nicht auf dem Rücken derer aus, die mit ihrem Zustandekommen nichts zu tun haben. Der Auszubildende, der gerade Ihren Mülleimer leert, kann nichts dafür, dass Ihre Sekretärin einen wichtigen Termin vergessen hat. Und wenn Ihre sechzehnjährige Tochter unerlaubterweise glaubt, sie könne nachts einfach wegbleiben, ändert das nichts an der zuverlässigen Freundlichkeit der jungen Praktikantin in der Registratur, solange Sie diese nicht fragen, ob sie sich auch rumtreibt!

Beseitigen Sie den Müll, der Ihre Stimmung drückt. Tragen Sie ihn mit den wirklich Betroffenen aus oder rennen Sie ihn sich weg. Was immer Sie tun, schütten Sie ihn nicht vor Ihre Mitarbeiter. Das ist effektives Selbstmanagement erster Güte!

Alle sind gleich – Sie sind vorgesetzt, aber nicht gleicher

Natürlich stimmt es, dass eine wichtige Besprechung nicht ohne Sie stattfinden sollte. Aber wenn Sie denken, die anderen werden schon warten, also können Sie ein paar Minuten später kommen, täuschen Sie sich gründlich. Erstens stehlen Sie damit dem Unternehmen die Arbeitszeit aller auf Sie wartenden Personen, zweitens hat Ihre mangelnde Arbeitsdisziplin Auswirkungen auf die Arbeitsmoral Ihrer Leute. Und drittens werden die Mutigeren unter Ihren Angestellten, sollte die Angst sie nicht hindern, irgendwann auch noch schnell ihre wichtigsten Telefonate erledigen. Dann warten Sie!

Halten Sie sich also an Absprachen. Die Regeln, die für alle gelten, gelten auch für Sie! – Selbstverständlich gibt es Ausnahmen, und der Chirurg kann die OP nicht unterbrechen, weil die Putzkolonne in den Saal will. Aber achten Sie darauf, dass es fachlich unerlässliche und begründete Ausnahmen sind. Ansonsten halten Sie sich bitte selbst an die Regeln, die abgesprochen wurden. Nicht nur, was die Termine von Konferenzen betrifft. Das kann auch das Jahresgespräch mit dem jungen Auszubildenden sein. Und wenn etwas wirklich Unverschiebbares dazwischenkommt, sagen Sie möglichst frühzeitig ab und lassen Sie niemanden vergeblich zu einem ausgemachten Zeitpunkt auf Sie warten. Das ist respektlos und wird immer als eine Zurücksetzung und Verletzung der persönlichen Würde wahrgenommen.

Wer alles besser kann, macht besser alles

Vielleicht gehören Sie zu den Menschen, die es genießen, über andere Macht zu haben. Wer Lust an der Macht hat, muss in keiner Weise ein schlechter Vorgesetzter sein. Das Gehalt ist es sicher nicht, welches etwa Menschen dazu drängt, ein hohes politisches Amt anzustreben. Hier hat jemand Lust am »Machen«, am politischen Gestalten und damit auch Lust an der Macht. Dass in der Realität der Traum vom Gestalten in Anbetracht rückgängiger Einnahmen und wachsender Schulden oft schmerzhaft schnell ausgeträumt ist, ändert daran nichts.

Als Führungskraft sollte ich aber die Maxime verstanden haben:

»Ich kann befehlen in die Kirche zu gehen, befehlen zu beten – kann ich jedoch nicht!« Diese Weisheit zu verstehen, bringt den logischen Schluss, dass ich nur über die Aktivierung von Selbstführung beim Mitarbeiter, den Schlüssel zur wahren Motivation gefunden habe.

Gerade im Prinzip der minimalen Führung geht es wesentlich darum, die eigene Macht sehr ergebnisorientiert und gleichzeitig dialogisch, in Zusammenarbeit mit meinen Mitarbeitern einzusetzen:

- Ich traue dem Mitarbeiter eigene Kreativität zu.
- Soweit die Unternehmensziele und die konkret eingeforderten Ergebnisse das zulassen, kann der Mitarbeiter seinen Arbeitsablauf sehr frei und selbstverantwortlich gestalten.

Wir wissen, dass Menschen die höchsten und besten Leistungen erbringen, wenn sie sich selber führen können und stolz auf eigene Erfolge hoffen bzw. später da-rauf zurückblicken können. Deshalb ist es wichtig, als Führungskraft im rechten Maße zurückhaltend zu sein. Ich kann den Mitarbeitern vertrauen. Ich muss nicht jeden Handgriff bestimmen und den Ablauf jedes Tages reglementieren. Ich brauche eine situative Führung, die manchmal mehr und manchmal weniger Steuerung bedarf.

Situative Führung in moderner Zeit

Wenn über Führung in moderner Zeit die Rede ist, kommen wir heute häufig zu dem Begriff der »agilen Führung«. Agiles Management heißt in unserem Sinne: Führung von Gruppen mit wenig Regeln und wenig Bürokratie, um Flexibilität und Schnelligkeit in der Produktivität und Ideenentwicklung zu gewinnen. Klingt zunächst einmal modern und richtig und entspricht sehr stark dem Grundkonzept der minimalen Führung – aber ist das wirklich neu?

Nein, denn

1. Agile Führung ist überhaupt nicht neu! Gute Führung von Teams hatte schon immer agile Anteile und

2. es ist kein Hype, der nun in diesem Jahrtausend entstanden ist, sondern es ist schlichtweg eine Grundhaltung, die jede Führungskraft auch schon früher verinnerlicht haben sollte.

Bereits Ende der 60er Jahre und in den Anfängen der 70er Jahre wurde die Faszination der Gruppendynamiklehre nach Deutschland getragen. Das hatte zur Folge, dass in vielen Unternehmen die Organisationen nach Teams ausgerichtet wurden. Teamführung war der neue Trend, um mehr Synergien zu gewinnen. Gruppendynamik fordert von den Führungskräften eine prozesshafte Führung. Die Intelligenz der Teams sollte stärker genutzt werden und der »Chef« sich – dies fördernd – selbst zurücknehmen. Anstelle langer Planungsprozesse einzelner Experten, gilt es die Sichtweisen vieler Mitarbeiter im Team zu nutzen und für eine tragfähige Lösung zu finden.

Unseren Recherchen nach wurden sukzessive mehr und mehr gruppendynamische Seminare von deutschen Firmen für Führungskräfte gebucht. Diese Entwicklung erreichte in den 80er Jahren ihren Höhepunkt. Seitdem sind die Besucherzahlen rückläufig, obwohl »agile Führung« nichts anderes von Führungskräften fordert.

Es geht also bei der Entscheidung, ob agile Führung richtig oder nicht richtig ist, vielmehr um die Frage, welche Situation fordert von mir als Führungskraft ein Loslassen oder ein Anpacken.

Was heißt nun »gute Führung hatte schon immer agile Anteile«?
Schon die Theorien der situativen Führung nach Hersey und Blanchard zeigen, dass Führungskräfte je nach Situation und Reifegrad unterschiedlich agieren und handeln sollten. Unterscheidet man zum Beispiel die verschiedenen Situationen nach zwei grundlegenden Fragestellungen:

a) Ist die Situation überschaubar/planbar oder eher ungewiss?

b) Wie stark bin ich als direktive Steuerer- oder als prozesshafte Führungskraftmeiner Mannschaft gefragt, um das beste Ergebnis zu erringen?

ergeben sich unterschiedliche Führungssituationen.

Doch bevor wir uns die Situationen anschauen, muss zunächst geklärt werden.

Wann ist eine Situation ungewiss und nicht überschaubar?

Ungewissheit ist ein Zustand der von folgenden Situationen unterschieden werden sollte:

a) Eine Situation ist riskant:

Eine Situation ist dann riskant, wenn ich ein Risiko eingehe. D. h. ich kann einen möglichen Schaden kalkulieren. Rauchen ist zum Beispiel riskant, aber keinesfalls ungewiss, denn das Risiko ist in gewisser Weise berechenbar. Risiken sollte man vermeiden oder man kann Ihnen mit Vorsorge (Sicherung) begegnen. In einer riskanten Situation können einzelne Experten gut helfen und Steuerung ist sinnvoll.

b) Eine Situation ist unsicher:

Eine Situation ist dann als unsicher zu bezeichnen, wenn Sie mit einem Risiko rechnen, aber nicht sicher wissen, ob es eintritt oder nicht. Es wäre fatal, beim »Rauchen« nur von unsicher zu sprechen, denn das Risiko ist zu hoch. Das Wetter ist allerdings in vielen Fällen eine unsichere Angelegenheit, der ich mit Maßnahmen (Kleidung etc.) begegnen kann. D.h. auch hier sprechen wir von einer Situation, die planbar und eher berechenbar ist.

c) Eine Situation ist ungewiss:

Eine Situation ist dann ungewiss, wenn wir die Einflussfaktoren nicht überschauen können, bzw. die Berechnung und die Erhebung aller Einflussfaktoren unmöglich erscheinen. Die Einflussfaktoren machen die Situation nicht berechenbar und planbar. D. h. wir wissen noch nicht einmal, ob und – wenn ja – welche Risiken bestehen. Wir können auch nicht die Chancen einer Situation genügend überblicken. In dieser Situation zu planen, wäre so wie es Berthold Brecht einmal ähnlich in der Drei Groschenoper gesagt hat:

»Planen ist die gesteigerte Form von Hoffen!«

In unserer ständig sich immer schneller veränderbaren Welt scheinen die Zustände von Ungewissheit zuzunehmen. Dieser Eindruck entsteht auch deshalb, weil Schnelligkeit und Flexibilität mehr und mehr eine Überlebenskompetenz für viele Unternehmen wird.

Für viele Manager steigt so die Komplexität. Gleichzeitig gilt es aber zu berücksichtigen, dass nicht alle Führungssituationen komplex sind. Häufig erscheint uns eine Situation komplex, weil wir den Anspruch erheben:

- Alle mitzunehmen oder
- 100 % Lösungen zu erwirken.

Ein genauer Blick in den Führungsalltag zeigt aber, dass viele Situation weiterhin auch planbar und überschaubar bleiben. So gibt es zum Beispiel in der operativen Arbeit einer Buchhaltung weniger unplanbare Situationen, die eine agile Führung erfordern.

Ungewissheit besteht jedoch häufig im Management bei

- strategischen Fragen,
- in Fragen des Change-Managements ,
- aber auch in Situationen, bei denen viele verschiedenen Interessen vertreten sind und beachtet werden sollte, die aber zügiges Handeln erfordern.

Hier ist die agile Führung eine gute Alternative zu unsicherer oder gar unmöglicher Planung durch die Führungskraft.

Ein aktuelles Beispiel: Flüchtlingskrise, hier wird klar, dass eine mittel- und langfristige Planbarkeit nicht mehr im Vordergrund steht. Ein Politiker hat dies mit dem Spruch »wir fahren auf Sicht« auf den Punkt gebracht – auch wenn er dafür in der Presse als inkompetent dargestellt wurde.

In vielen Unternehmen werden Zielvereinbarungen zwischenzeitlich zurecht für komplett unsinnig erachtet, da es sich bei einer Vielzahl der vereinbarten Ziele um ungewisse Situationen handelt.

Dabei ist nicht jede Zielvereinbarung unsinnig, insbesondere, wenn es sich um kurzfristige Zielvereinbarungen handelt (»Segeln auf Sicht«).

Welcher Führungsstil nun also gewählt wird, hängt von der jeweiligen Situation ab. Dies lässt sich durch nachgelagertes Schaubild und Erläuterungen zur modernen situativen Führung erklären:

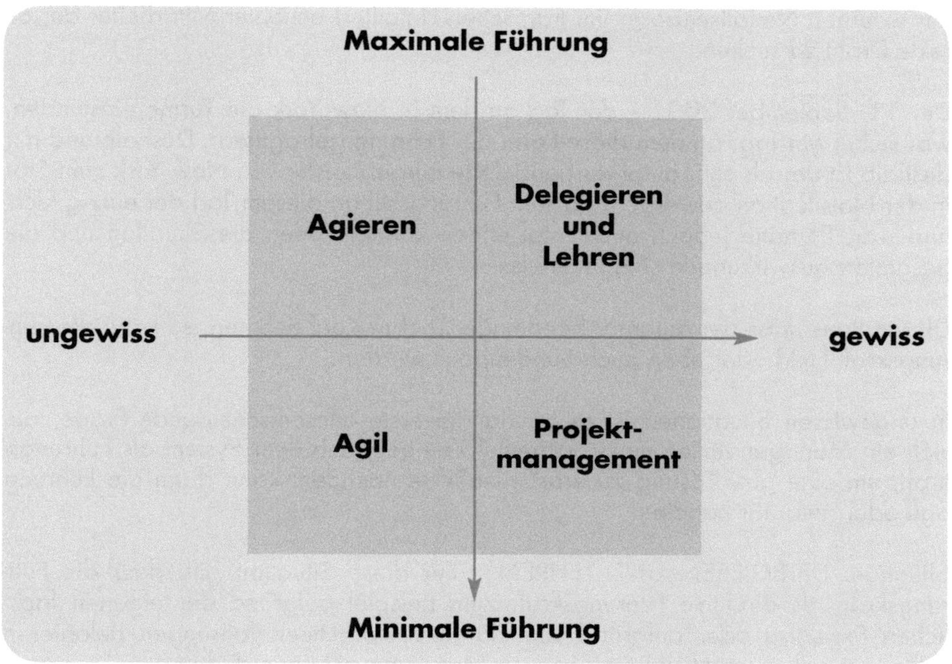

*Modell Klaus Kissel aus Führen 3.0. – Weiterentwicklung und Quelle des Management 3.0 Modells von David Snowden

Situation: AGIEREN – Die Situation ist chaotisch – also ungewiss und die Führungskraft ist als direktiver Leiter und Entscheider gefragt

In dieser Situation geht es gar nicht so sehr darum, ob ich alle Fragen als Führungskraft beantworten und entscheiden kann oder nicht. Entscheidend ist eher die Ausgangssituation, da die Situation nach einer Entscheidung ruft. Ungewisse und hektische Situationen rufen nach direktiver Führung!

Wer in seinem Führungsalltag Krisensituationen kennengelernt hat, kennt das. Eine prozesshafte Führung unter Berücksichtigung der Teamdynamik ist schlichtweg falsch, weil die chaotischen Umstände ein schnelles Handeln erfordern.

Hier ist die aktive, agierende Führungskraft gefordert, die auch vor autoritären Anweisungen und klaren Entscheidungen nicht zurückschreckt.

Devise: »Handeln ist notwendig – die Folgen sind aber nicht absehbar!«

Das heißt natürlich nicht, dass sich die Führungskraft nicht berät. Aber nicht über Diskussionszirkel sondern vor allem über dem jeweiligen Anlass entsprechende interne oder externe Fachpersonal. Und da ist zur IT Abteilung beim Virus, zu Medizinern und Chemikern bei firmenbedingten Gesundheitsproblemen oder auch zur externen Notfallseelsorge im tragischen Unfalltod beliebter Mitarbeiter der direkte Draht zu suchen.,

Der 11. September 2001 – der Tag an dem in New York die Türme einstürzten, war sicher ein Tag, an dem diese Form der Führung gefragt war. Deshalb und nur deshalb ist der als sehr autoritär handelnde Bürgermeister von New York zum Star in der Notsituation geworden, da sein Führungsstil an diesem Tag der einzig Richtige war. Es hätte jedoch auch fatal enden können, denn die Situation und die gesamten Auswirkungen sind ungewiss.

Diesen Preis muss der autoritär handelnde Chef in Kauf nehmen, so kann die Führungskraft Held oder eben auch Sündenbock werden.

In ungewissen Situationen ist es häufig die erste allesentscheidende Frage, die sich ein Manager stellen muss: »Wieviel Zeit gebe ich dem System als Führungskraft, um eine gute Lösung zu erarbeiten?« Je nachdem kann dann die Führung agil oder autoritär handlen.

Situation: DELEGIEREN UND LEHREN – Für diese Situation gilt, dass die Führungskraft als direktive Führungskraft zum Beispiel aufgrund der eigenen fachlichen Expertise oder aufgrund von klaren Bestpractice-Erfahrungen delegieren sollte und evtl. auch Mitarbeiter in einer Handlung anlernen dürfen.

In der Einarbeitungsphase neuer Mitarbeiter ist diese Situation sehr häufig gegeben. Auf der einen Seite gilt es den neuen Mitarbeiter mit dem Wissen zu versorgen, dass er für die Erledigung der Aufgaben braucht. Dabei ist es auch wichtig, keine Situationen auszuwählen, die besonders ungewiss sind, sondern in denen ich als Mitarbeiter auch Routine und Erfolge feiern kann.

Die Führungskraft ist hier Mentor oder Coach.

Sie delegiert die Verantwortung, definiert Ziele und gibt Feedback nach erfolgter Kontrolle. Viele Führungstrainings der letzten Jahrzehnte waren so aufgebaut, dass man fast alle Führungssituationen mit diesem Stil bearbeiten könnte (ausgenommen sicher noch den eben erwähnten Krisenstil, der auch in alten situativen Führungsmodellen zu finden ist), Hauptaugenmerk in den Seminaren und Büchern waren jedoch die Optimierung der kommunikativen Führungsprozesse in diesem Feld.

Durchleuchtet man mit Führungskräften Ihren Führungsalltag, gibt es auch immer noch viele kleine Routineprozesse, die diesen Führungsstil erfordern.

Situation: PROJEKTMANAGEMENT – Die Situation ist überschaubar und die Führungskraft sollte prozesshaft – also minimal – führen, um Mitarbeiter und Beteiligte mitzunehmen und deren Intelligenz zu nutzen

Eine Situation ist dann überschaubar, wenn aufgrund der äußeren Einflussfaktoren ein klares Ziel beschreibbar zu sein scheint. Je klarer das Ziel bestimmt werden kann, umso eher greifen die Elemente des Projektmanagements. Denn Milestones können vom Team gemeinsam festgezurrt, erreicht und gefeiert werden. Zum Beispiel kann der Umzug in ein anderes Büro geplant werden. Es macht jedoch Sinn, die verschiedenen, überschaubaren Einflussfaktoren zu berücksichtigen und die Mitarbeiter mit minimaler Führung einzubinden. Die Führungskraft beteiligt hier das Team in einer Art Projektmanagement und erarbeitet klare Zielstellungen mit dem Team. Sie managt das Projekt und verfolgt den zeitlichen Rahmen, das Budget, die Ressourcen etc. Sie sorgt für Reviews und gibt Feedback – Kurzum: die Leitungskraft agiert stärker als Projektmanager und fokussiert dabei auf Ziele und Rahmen.

Situation: AGIL – Die Situation ist unklar und ungewiss und die Führungskraft sollte minimal führen

Im Unterschied zur vorhergehenden Situation scheinen hier das klare Ziel und, noch viel schwieriger, der richtige Weg nicht eindeutig von der Führungskraft oder irgendeinem Experten beschreibbar zu sein. Zu unklar sind die verschiedenen Einflussfaktoren. Anstatt alle Einflussfaktoren zu berücksichtigen und die Komplexität mit Hilfe von Planung zu managen, wäre es besser, im Agieren gemeinsam zu lernen. D.h. man geht schnell in die Umsetzung, verliert keine Zeit in komplexen Planungen und lernt im Gehen.

Lernen durch Ausprobieren, Scheitern, Reflektieren und Verbessern!

Wenn Kleinkinder das Aufstehen lernen, ist das eine solche Situation.

Man kann nur froh sein, dass wir das Aufstehen den Kindern in diesem Alter nicht wirklich erklären können, sondern es sich selbst überlassen und den Prozess managen. Stellen Sie sich nur einmal vor, wir würden mit den Kleinkindern Ziele vereinbaren und Coaching on the Job vornehmen.

So dürfen sie durch Ausprobieren lernen. Aufstehen ist nämlich in seinen ganzen Einzelteilen ein ziemlich komplexer Prozess, und, wenn man genau hinschaut, gibt es hunderte von Versionen, wie wir vom Boden in eine Standposition kommen. Wichtig ist hierbei das Ergebnis und nicht der Weg.

Agiles Führen macht also Sinn, wenn die Führungskraft sich sicher ist,
a) dass sie viele Einflussfaktoren einer Situation nicht berechnen kann,
b) dass es an der Zeit ist, die eigene Expertise für die Lösung auch in Frage zu stellen,

c) dass sie auf die Weisheit des Teams vertrauen darf und
d) Ausprobieren, Testen und Lernen, eine wirklich gute Alternative zum Planen und Managen ist, um auch an kreative neue Ideen zu kommen.

Überträgt man das oben genannte Kleinkindbeispiel auf die Haltung einer agilen Führungskraft hat sie unendliche Möglichkeiten, das Team in Bewegung zu bringen. Sie sollte dabei
a) klar machen, dass sie das Team in Bewegung bringen möchte,
b) einen Rahmen (zeitlich, themenzentriert etc.) für die Entwicklung einer Lösung setzen und diesen Rahmen begleiten und
c) am Ende entscheiden oder eine Entscheidung herbeiführen.

Agile Führung ist keine Demokratie!

Agile Führung heißt – Gruppen für eine komplexe Herausforderung zu begeistern und die Intelligenz von Gruppen zu nutzen. Dabei kann es auch sein, dass sich die Führungskraft am Ende eines Prozesses auch für eine Mindermeinung aus dem Team entscheidet. Wichtig ist, sie führt eine Entscheidung herbei.
Damit deutlich wird, dass agile Führung auch schon immer in anderen Unternehmensbereichen als nur in der IT-Welt gefragt ist, möchte ich zum Ende des Artikels zwei Beispiele erwähnen:

a) In einem Vertriebsteam wird ein neues Produkt eingeführt
Altes Managementvorgehen: Die Führungskraft delegiert den Vorgang an den besten Verkäufer im Team, er solle eine Ansprachetechnik/Vorgehen herausarbeiten und dies im nächsten Meeting vorstellen. Nach einer kurzen Diskussion wird diese den anderen Mitarbeitern als Empfehlung verordnet – dies ist leider oft noch ein gängiger Alltag in vielen Unternehmen. Die Lernbereitschaft ist oft niedrig, was auch mit dem Primusfaktor zu tun hat, den wir schon alle aus der Schule kennen.

Dieses Vorgehen ist somit sicherlich nicht dienlich – denn im Vertrieb ist aufgrund der Vielzahl der beteiligten Personen davon auszugehen, dass es sich hierbei um eine komplexe Fragestellung handelt, die mit agiler Führung leichter lösbar wäre, ohne Widerstand zu produzieren.

Agiles Vorgehen: Viel einfacher wäre es, wenn die Führungskraft das Produkt und die kommende Vertriebsherausforderung vorstellt. Das Vertriebsteam wird danach in drei Untergruppen aufgeteilt, um verschiedene Ansprachestrategien herauszuarbeiten. Danach gibt es eine Praxisphase, in der die Strategien bei ausgewählten Kunden ausprobiert werden und danach in einem Reviewmeeting reflektiert werden. Die Identifikation mit der Lösung ist viel höher – das Expertenwissen viel breiter genutzt. Außerdem kommt das Team in eine schnelle Phase des Ausprobierens und Machens.

Damit Vertriebsführungskräfte diese Form der Führung leben können, müssen sie häufig viel mehr in Richtung prozesshafter Führung ausgebildet werden. Gerade im Vertrieb gibt es eine Vielzahl an komplexen Aufgaben, die mit agiler Führung besser zu lösen wären.

b) In einer KFZ-Zulassungsstelle sollen und können Prozesse im Zusammenspiel mit dem Bürger optimiert werden. Eine Prozessoptimierung in diesem bürgernahen Bereich hat Auswirkungen auf den Bürger, damit auf die Wähler und damit auf die Politik usw.. Es wäre anmaßend hier von einer planbaren/überschaubaren Situation zu sprechen. Also sollten die Fragestellungen relativ offen mit allen Beteiligten ggfs. auch durch Hinzuziehung von Kunden (Kundenbefragungen etc.) bearbeitet werden. In Workshops erarbeitet die Führungskraft so erst kurzfristige Ideen und reflektiert Wechselwirkungen, die dann zügig testweise ausprobiert und wiederum besprochen werden können. Erst danach werden die besten Lösungen in der Verwaltung zur Genehmigung gegeben, die Entscheidung erfolgt dann um einiges schneller, weil man hier schon in dem Erfahrungsbericht von den positiven Wechselwirkungen beim Kunden berichten könnte.

Im agilen und projekthaften Management agiert die Führungskraft viel stärker als Lenker des Prozesses. Fachliche und direktive Führung wird beschränkt – wobei die Entscheidungsgewalt bei der Führungskraft bleibt.

Vom Irrtum, unersetzlich zu sein

Die Führungskraft kann also in vielen Prozessen sich auf die Kraft und die Intelligenz des Teams verlassen. Ergo muss sie also auch nicht jedes Problem der Angestellten lösen.

Wer sich für unersetzbar hält, wird als Führungskraft eher lästig. Die Mitarbeiter erfahren die penetrante Anwesendheit ihrer Vorgesetzten als demütigende Kontrolle. Manchmal dient es dem Mitarbeiter aber auch als bequeme Ausrede nach dem Motto: »Ich muss mir nicht viel Mühe geben, meine Chefin schreibt den Brief später doch noch einmal neu!«.

Weiterhin sei erwähnt, dass dieses Vorgehen eines scheinbar unersetzbaren Lebens oft vorschnell mit einem Herzinfarkt endet. In der Rehabilitation erfolgt dann der zweite Schock, wenn man von offenherzigen Kollegen tröstend oder ein wenig schadenfroh mitgeteilt bekommt, dass sich die Leistung in der eigenen Abteilung gesteigert hat, seit die Mitarbeiter eigenverantwortlich die Dinge zu Ende bringen dürfen und müssen.

Sicher kann ich gerade in den Prozessen, wo ich überzeugt bin, dass maximale Führung – wie in dem vorgenannten Führungsmodell gezeigt – sinnvoll ist, unterstützend und beratend tätig sein. Auch helfen sollte ich dort, wo gerade meine

Hilfe nötig ist. Ich breche mir auch keinen Zacken aus der Krone, wenn ich der Sachbearbeiterin, die mit fünf Aktenordnern gleichzeitig in ihr Büro will, freundlich die Tür aufhalte. Aber primär sollen sich die Mitarbeiter natürlich selbst bzw. im Team gegenseitig helfen, und dies muss ich ihnen auch zutrauen können.

Wir kennen einen leitenden Angestellten, der stöhnend mitteilte, er ginge immer als Letzter aus dem Büro, säße bis tief in die Nacht und korrigiere die Arbeit seiner Mitarbeiter, während diese oft schon vor 18 Uhr in ihre Freizeitaktivitäten starten.

In der weiteren Anamnese stellte sich heraus, dass dieser gestresste Mann keinem seiner Angestellten letztendlich eine verantwortungsvolle Leistung – auch mit dem Risiko eines irgendwann passierenden Fehlers – zutraute. So degradierte er sich selbst zum Untersten im eigenen Team. Den anderen Teammitgliedern blieb gar keine andere Möglichkeit, als langsam zu arbeiten und früher nach Hause zu gehen. »Sonst kommt unser Chef mit der Kontrolle unserer Arbeit ja gar nicht mehr nach!«, meinten einige Angestellte freundlich und fürsorglich, als wir ein Interview durchführten.

Das ist kein Einzelfall. Vielleicht haben Sie selbst eine solche Situation und sind gefangen von der Komplexität der Aufträge, die Sie umgibt. Sie haben jeden Tag über 100 Mails, die beantwortet werden möchten, und ihr Chef überhäuft Sie mit Aufträgen, da die Firma zur Zeit in einem permanenten Veränderungsprozess steht. Und so fragen Sie sich schon lange, wie Sie Ihr Schiff aus dieser stürmischen See herausmanövrieren und dabei noch gleichzeitig das Führungssteuer souverän in der Hand halten können.

Zeit nehmen für Navigation

Woher die Zeit nehmen, wenn keine da ist? Und was heißt diese Metapher nun für Ihren Alltag? Fragen, welche wir anhand nachfolgenden Beispiels beantworten möchten:

Der Chef eines Logistik-Unternehmens, das durch rasches Wachstum auf bereits 14 Töchter in Europa und Übersee angewachsen war, kam zu uns. Er jammerte über die Tatsache, dass er überhaupt keine Freizeit mehr besitze. Er würde arbeitend einschlafen und morgens, schon vorm Frühstück die ersten Telefonate führen. Im Zuge der Beratung stellte sich heraus, dass sich in seiner deutschen Zentrale alle zehn oberen Führungskräfte direkt mit ihm abstimmten und von ihm geführt wurden. Außerdem berichteten alle Leiter der neu gegründeten Büros im Ausland direkt an ihn.

Die ersten Beratungen mit ihm waren schon dadurch gekennzeichnet, dass auch unsere Gespräche dauernd von außen unterbrochen und gestört wurden. Der Vorteil, der darin liegt, alle Entscheidungen möglichst kurz bei einer Zentrale zusammenlaufen zu lassen, wurde hier mit dem Preis bezahlt, dass diese Person kurz vor dem nervlichen Zusammenbruch stand. Eine Konzentration auf unser Gespräch war für alle Beteiligten schwierig. Wie kann man da von dem leitenden Einzelkämpfer selbst souveräne, abgewogene und adäquate Entscheidungen verlangen? Es gibt eine Machtfülle, die so viel Kompetenz und Zuständigkeit behauptet, dass der Herrscher zum Gejagten und zum Opfer der eigenen Führungsstruktur wird.

Eine vernünftige, konzentrierte und angemessene Führung erstreckt sich auf sechs bis acht Mitarbeiter. Unter welchen Umständen auch die Führung von größeren Teams effektiv möglich ist, behandeln wir im »Wir«-Teil. In unserem Beispiel musste der Spielführer, der zum Spielball seiner eigenen All-Zuständigkeit geworden war, zunächst einsehen, dass er Vertrauen zu seiner Mannschaft gewinnen und nicht alle Tore selber schießen musste und konnte. Wir vereinbarten mit ihm in einer Coachingsitzung, dass er jeden Tag mit einer halbstündigen Tagesplanung beginnen sollte. Außerdem bekam er den Auftrag, dafür zu sorgen, dass er dabei absolut ungestört sein sollte und diese Zeit ganz für die Planung verwenden musste. Der Computer blieb ausgeschaltet, das Telefon wurde umgeleitet, usw.

Sie können diese Übung für sich auch einmal vornehmen:

Übung 4 für Ihre Führungspraxis

1. Stellen Sie sich folgende Situation vor: Sie reisen heute nach Irgendwo, Hawaii, Südseeinseln, zum Mond! Sie können sich noch in einer knappen SMS für drei Monate aus Ihrer Firma verabschieden. Sie sind nicht auf dem Handy erreichbar und in den nächsten drei Monaten muss die Firma einmal unvorhergesehen ohne Sie klarkommen!

   Was passiert mit Ihrem Arbeitsplatz (wenn für Sie kein Ersatz eingestellt wird!) und den zu erledigenden Aufgaben in der
   - ersten Woche
   - nach der ersten Woche bis zur Woche fünf
   - nach der fünften Woche bis zu Ihrem Wiederkommen.

2. Eine weitere Übung zum eigenen Zeitmanagement: Stellen Sie sich vor, eine Fee käme zu Ihnen und würde Ihnen zwei zusätzliche Stunden in der Woche schenken, die Sie an Ihrem Arbeitsplatz verbringen müssen. Allerdings dürften Sie in diesen zwei Stunden keine eiligen, wichtigen oder weniger wichtigen Dinge tun. Sondern Sie würden etwas tun, worauf Sie
   - schon lange Lust haben,
   - etwas, was dem Ergebnis in Ihrem Arbeitsgebiet wirklich langfristig Nutzen bringen wird und somit auf eine andere Weise wichtig ist.

3. Angenommen Sie würden nun die kommenden sechs Wochen diese zwei Stunden mit diesen Tätigkeiten verbringen. Wie würde sich das auf das Ergebnis auswirken?

4. Leider gibt es die Fee natürlich nicht, wir glauben, dass sich die zwei Stunden dennoch lohnen. Es stellt sich also die Frage:
   Wenn Sie trotzdem in den nächsten sechs Wochen diese zwei Stunden wöchentlich für die Arbeit verbringen ist das »wie so ein bisschen« Urlaub?

5. Welche Arbeiten müssen Sie delegieren, um diese zwei Stunden Aufbauarbeit in ihre Arbeitszeit zu integrieren?

Es ist verblüffend, welche Ergebnisse wir mit dieser Übung schon in Seminaren und Coachingsitzungen erzielt haben.

Einem unserer Klienten wurde bei unserer ersten Frage deutlich, dass auch er ersetzbar ist. In der ersten Woche bleibt viel liegen und es herrscht Chaos. Seine Sekretärin und einige leitenden Angestellten würden dann ab Woche zwei vermehrt die Aufgaben organisieren und delegieren. Am meisten überrascht hatte ihn jedoch die Erkenntnis, dass er ab Woche sechs überflüssig war. Die Aufgaben wären verteilt, natürlich nicht immer mit der Sorgfalt, die er gerne hätte. Aber das Unternehmen würde nicht wesentlich unter seiner Abwesenheit leiden.

Für manche Manager scheint diese Erkenntnis eher ein Problem zu sein – der Leidensdruck bei unserem Coachee war hoch genug, sodass er richtig erleichtert war. Die zwei Stunden täglich wurden nun für vertiefende Einarbeitung genutzt, damit sich die Qualität langfristig besserte. Probleme bereitete ihm natürlich noch die Frage: »Wie soll ich das denn schaffen, sie sehen ja, was hier los ist?« Aber so wie er das Coaching mit uns vereinbart hatte, konnte er sich natürlich auch für die zwei Stunden einmal in der Woche aus dem täglichen »Hamsterrad« befreien und diese Zeit fest einplanen. Wichtig war hier besonders, dass er diese Zeit schon direkt in seinem Kalender fixierte und als unaufschiebbar markierte.

Im Laufe der folgenden Coachings wurden das Berichtswesen und die Zuordnung der Führungsebenen umgestellt und neu definiert. Das alles war das Ergebnis seines eigenen Zeitmanagements und der wöchentlichen zwei Stunden. Heute schafft es dieser Chef sogar, sich einmal in der Woche einen Nachmittag für seine Familie frei zu halten. Der Freitagnachmittag jedoch gehört dem Golfplatz. Zulasten der Mitarbeiter, meinen Sie? Nein, zur Freude der Mitarbeiter, denn diese spüren nach seiner konsequenten Delegation weitaus mehr Verantwortung. Ihr Wille zur eigenen Leistung ist gestiegen.

Managen Sie Ihre Prozesse

Sollten Sie in einer ähnlichen Lage sein: Die Methode funktioniert genauso bei Ihnen, auch wenn Sie nicht Chef eines Logistikunternehmens, sondern zum Beispiel im mittleren Management als Führungskraft tätig sind. Wie schon gesagt: Führung beginnt bei mir selbst.

Sie können mit dieser Übung lernen, sich auf das Wesentliche in Ihrem Arbeitsfeld zu fokussieren. Steve Jobs, der ehemalige CEO von Apple, sagte einmal: »Fokussieren heißt 1000 Ideen weglassen.« In diesem Sinne ist es wichtig sich vorzunehmen, was für die langfristige Perspektive besonders wichtig ist. Die unwichtigeren Dinge entfallen dann oder werden delegiert. Es ist wichtig, sich wirklich Grenzen zu setzen und die Arbeitszeit von Beginn an nur begrenzt zu planen und zu verplanen.

Schaffen Sie sich Pausen zur Reflexion, wie eben in dieser Übung. Dies ist der Umsteigebahnhof vom gehetzten Workaholic zum gelassenen, mit einer gewissen Leichtigkeit agierenden, leitenden Menschen. Das klingt für viele Führungskräfte zunächst einmal unmöglich, denn die Zeit ist ja komplett verplant. Wie sollten Sie sich da noch zur Reflektion Zeit nehmen können?

Es ist möglich. Denn ob Sie es glauben oder nicht, Sie sind ersetzbar! – Und ein erster Schritt wäre es, wenn Sie sich über diese Wahrheit freuen!

Wilhelm Busch schrieb 1874 in »Kritik des Herzens«:
»Ohne ihn war nichts zu machen, keine Stunde hatt' er frei. Gestern, als sie ihn begruben, war er – richtig – auch dabei.«

Das ist sicher sehr drastisch formuliert. Aber – ergebnisorientiert ausgedrückt – eigentlich werden Sie nicht dafür bezahlt, sich auf Bluthochdruck, Schlaganfall und Herzinfarkt vorzubereiten.

Bei einem Workshop mit Führungskräften der mittleren Ebene eines Finanzdienstleistungsunternehmens zum Thema »Change-Management« haben wir mit Unterstützung einer Trainerin einmal eine anonymisierte Body-Fitness-Untersuchung durchgeführt. Acht von neun Führungskräften hatten Bluthochdruck!

Mit einem konsequenten Selbstmanagement tun Sie etwas für

- ihre Gesundheit – durch weniger Stress
- die Motivation Ihrer Mitarbeiter – durch höhere Verantwortung und eine ausgeglichene Führungskraft
- das Unternehmen – durch bessere Ergebnisse, dank reflektiertem, gelassenem und delegierendem Management.

An dieser Stelle möchten wir Ihnen die zehn wichtigsten Tipps zum Zeitgewinn nicht vorenthalten:

1. Bilden Sie Arbeitsblöcke – und fassen Sie gleichartige Tätigkeiten zusammen.
2. Schirmen Sie sich gezielt ab – es gibt immer Räume, wo man für sich arbeiten kann.
3. Setzen Sie sich für Tätigkeiten Zeitlimits – und bauen Sie von Beginn an Puffer ein.
4. Für Aufgaben sollten Sie Prioritäten setzen.
5. Nur das Wesentliche tun! Berücksichtigen Sie hier Ihre Fokusthemen.
6. Die Delegation voll ausnutzen – zum Beispiel: Wo kontrolliere ich noch, wo ich schon längst Vertrauen schenken könnte?
7. Größere Aufgaben in Teile portionieren
8. Termine mit sich selbst vereinbaren und direkt in den Kalender eintragen, so dass diese auch nicht mehr vom Zugriff durch andere Personen verdrängt werden können.
9. Schwerpunktaufgaben früh erledigen
10. Ihre Leistungshochs gezielt einbeziehen

Auch Lebenspartner, Kinder und Freunde lieben es normalerweise, wenn Sie ausgeglichen und berechenbar arbeiten. Gönnen Sie sich den Blick einmal vom Fokus Berufsleben auf das gesamte Leben von Geburt bis Tod: »Welche Kontakte sind für mein Lebensglück wirklich wichtig?« Wir hoffen, dass Ihnen hier einiges außerhalb Ihrer Firma einfällt! Pflegen Sie DIESE Kontakte!

Wie viel Fachwissen braucht ein Chef?

Das Gegenteil zur scheinbar omnipotenten Führungskraft mit der Dauerzuständigkeit in allen Fragen sind Menschen, die sich so sehr auf ihre Angestellten verlassen, dass sie deren Arbeit nicht mehr nachvollziehen und im großen Zusammenhang einordnen können. Nun muss ich z. B. in einer Autofirma nicht gleichzeitig perfekter Elektroniker, Statiker, Monteur und Kaufmann sein. Ich muss auch nicht jedes Problem auf Anhieb verstehen, und sicher muss ich nicht derjenige sein, der garantiert die beste Lösung auf seiner Seite hat. Aber ich sollte für keinen Mitarbeiter den Trottel vom Betrieb darstellen! Ich sollte die Arbeitsabläufe so weit verstehen und strukturieren können, dass mir keiner ein X für ein U vormachen kann.

Wer stolz damit kokettiert, keine Ahnung zu haben, wird sich über mangelnden Respekt und das bequeme Ausnutzen der eigenen Wissenslücken durch seine Angestellten nicht wundern müssen.

Geraten Sie nicht in Stress. Sie brauchen nicht von allem detaillierte Kenntnis. Aber Sie müssen die Bedeutung der Arbeit ihrer Mitarbeiter verstehen. Sie sollten es eigenständig bemerken und beschreiben können, wenn Abteilungen gegeneinander arbeiten oder ineffektive Augenwischerei betreiben, ihre Ergebnisse schönen, Absprachen eigenmächtig verändern. Sollten Sie manches noch nicht kennen und verstehen, setzen Sie sich zu Ihren Mitarbeitern und lernen Sie das Ganze besser zu durchschauen. Einen interessierte Führungskraft, der man stolz die eigene Arbeit zeigen und erklären kann, verachtet man nicht.

»Der Chef will mehr Leistung, die Mitarbeiter mehr Urlaub«

»Manchmal kann man es nur verkehrt machen«, werden Sie häufiger denken, wenn Erwartungen des Unternehmens und Hoffnungen, Bedürfnisse Ihrer Mitarbeiter einander widersprechen. Sie müssen in solchen Konstellationen zwangsläufig enttäuschen.

Seien Sie sich deswegen nicht gram. Denn das ist sozusagen Ihre Aufgabe! Als der ehemalige Bundesminister Schwarz-Schilling die Aufgabe hatte, die deutsche Bundespost zu privatisieren, wurde er in einem Interview gefragt, wie er damit leben könne, dass alle Seiten ihm Vorwürfe machten, er hätte die Angelegenheit nicht perfekt gelöst. Er lehnte sich damals mit einem leichten Schmunzeln im Sessel zurück und meinte gelassen: »Wenn irgendeine Seite vollkommen zufrieden mit mir gewesen wäre, DANN hätte ich einen großen Fehler gemacht.«

Sie können also versagen, gerade indem Sie es einer Seite recht machen. Sind Sie zu schwach und nachgiebig gegenüber Ihren Mitarbeitern, versagen Sie als Funktionär des Systems. Unter Umständen werden Sie dann von der Firmenseite entmachtet, und alle Verehrung für »unseren Mann an der Spitze« kehrt sich um in Wut auf den Verlierer, der sein Team im Stich lassen muss.

Werden Sie dagegen als Büttel des Unternehmens erlebt, verlieren Sie den Kontakt und das Vertrauen Ihrer Mitarbeiter. Und Angst und Misstrauen sind kein effektives Arbeitsklima!

So ergibt sich in Ihrer Doppelfunktion ein Spannungsfeld, dem Sie sich immer und immer wieder stellen müssen!

Hinzu kommt, dass die Anforderungen an die Führungskraft in Zeiten des Wandels und der Unvorhersehbarkeit steigen. Die strategischen Ziele und das operative Geschäft verändern sich in den meisten Bereichen rascher, die Fähigkeiten Umstellungen zu managen, werden noch stärker gefordert, als die in den vorhergegangenen Jahrzehnten der Fall war. Das oben beschriebene Spannungsfeld zwischen Mitarbeitern und Unternehmen, gepaart mit der Herausforderung, immer schneller Veränderungen zu initiieren und zu begleiten, kann eine Führungskraft schon durch die Komplexität des erwarteten Profils überfordern. Wie ein Sisyphos versucht man den Stein auf den Berg zu rollen, will doch nur allen gerecht werden, nichts vergessen, den Betrieb, den einzelnen Mitarbeiter und gleichzeitig noch die Entwicklung auf dem Markt, die politischen Prozesse, den gesellschaftlichen Wandel im Auge haben – wie wollen Sie eigentlich nachts noch ruhig schlafen?

Mit Druck umgehen lernen

Häufig sind wir als Berater und Begleiter mit der Aufgabe betraut, junge Führungskräfte zu fördern und konsequent weiterzuentwickeln. Gerade die von uns geschulten jungen Manager erlebten das Dilemma zwischen den Anforderungen von Unternehmen- und Mitarbeiterseite sehr deutlich. Die ehemaligen Kollegen möchten gerne Erleichterung in der Arbeit, jetzt wo ihr ehemaliger Kollege sie führt, und von oben erwartet das Topmanagement, dass auch Unangenehmes nach unten durchgesetzt wird.

Manche erleben sich in dieser Sandwichposition als ohnmächtig, zwischen mächtigen Anforderungen zerrieben und blockiert. Dabei werden wir gerade dem mittleren Management immer wieder sagen, wie entscheidend, weitreichend und wichtig ihre Arbeit ist. Es liegt im Einflussbereich dieser Führungsebene, ob und wie Entscheidungen und Veränderungen in der Unternehmensleitung verwirklicht oder blockiert und sabotiert werden.

Insofern ist es nützlich, das vorgetragene Dilemma nicht als Fluch, sondern als Herausforderung anzunehmen. Es ist eine gute und wichtige Aufgabe, die Unternehmensentscheidungen in das Team hineinzutragen und mit den Mitarbeitern auf ein gutes Ergebnis hinzuarbeiten.

Die von uns nach zwei Jahren wieder getroffenen Führungskräfte hatten übrigens in dieser Zeit zumindest mehrheitlich gelernt, mit ihrer neuen Führungsrolle und den damit verbundenen Spannungen konstruktiv und auch kreativ umzugehen. Auch ein größeres Maß an Routine ist ein wesentlicher Baustein auf dem Weg zu größerer Gelassenheit.

Ergebnisorientierung vor Mitarbeiterorientierung

Messfaktor für eine erfolgreiche Führungsarbeit im Unternehmen sind die Ergebnisse. Das klingt logisch und selbstverständlich. Die Ergebnisse sind der Grund, warum ein Manager gesucht, angestellt und bezahlt wird! Aber nur wenige Unternehmen handeln so konsequent, wie die Fußballvereine der ersten Bundesliga, die bei mangelhaften Ergebnissen wie selbstverständlich den Trainer wechseln.

Vielleicht denken Sie jetzt, das ist auch gut so. Der Trainer sei nicht immer schuld! Hier wollen wir mit einem klaren und dezidierten »JEIN« antworten. Oder, knapp gesagt: Der Manager muss nicht schuld sein. Er ist jedoch verantwortlich!

Gelingt es zum Beispiel einer Führungskraft über einen längeren Zeitraum nicht, eine Gruppe »aus dem Tal der schlechten Leistungen zu befreien«, muss das Unternehmen konsequent Ursachenforschung betreiben. Sofern dann die äußeren Faktoren eine bessere Leistung grundsätzlich möglich machen, ist aus unserer Sicht das oben gemachte Beispiel der Fußballvereine, den Trainer zu wechseln, viel häufiger in Erwägung zu ziehen, als das vielleicht in einigen Unternehmen praktiziert wird. Wobei hier begleitende Maßnahmen – Rotation, Delegation etc. – vor einer möglichen Entlassung zu prüfen sind.

So empfehlen wir z. B. die Management-Rotation, wenn die Führungskraft grundsätzlich gute Managementfähigkeiten besitzt, diese aber zurzeit in der eingesetzten Gruppe oder Einheit nicht so entfalten kann, dass ein Wendepunkt in Sachen Ergebnisverbesserung geschafft werden kann.

Wenn sich herausstellt, dass eine Führungskraft zwar gute fachliche Qualifikationen hat, ihr aber das Händchen zur Menschenführung fehlt, sollte sie eher in einer Stabsaufgabe tätig sein. Man tut ihr und natürlich auch den betroffenen Mitarbeitern keinen Gefallen, wenn man sie aus Gefälligkeit in der Position belässt, da dies häufig mehr Druck, mehr Stress und mehr Krankheitsgefährdung mit sich bringt.

Die Ergebnisorientierung steht also im klaren Fokus jeglichen Managements. Diese kann jedoch nur erreicht werden, wenn die Führungskraft mitarbeiterorientiert handelt. In diesem Spannungsfeld muss die Führungskraft handeln können und wollen.

Ihre Aufgabe ist das bestmögliche Ergebnis. Der Weg ist eine adäquate und zielführende Mitarbeiterorientierung! D. h., Sie müssen situativ entscheiden, welche Maßnahme die Ergebniserreichung am besten unterstützt. So kann ein gemeinsamer Grillabend mit dem Team eine gute Teambildungsmaßnahme als Unterstützung für gute Ergebnisse sein. Ein Zielvereinbarungsgespräch dagegen ist eine direkte und sehr konkrete Auseinandersetzung mit dem Ergebnis. In beiden Fällen sind es Maßnahmen, die bewusst gewählt werden, um die Ergebniserreichung zu unterstützen.

Bin ich Führungskraft, sollte ich die folgenden Fragen positiv beantworten können:
- Will ich das? Möchte ich meine Kraft, meine Energie in diesen Prozess hineingeben?
- Kann ich das? Bin ich konfliktfähig genug? Bin ich kommunikativ, durchsetzungsfähig usw.?

Lehnen Sie einen angebotenen Aufstieg ab, den Sie nicht wollen

Vielleicht droht Ihnen ein Leitungsjob, und Sie haben das Buch gekauft, weil Sie Mitarbeiter führen sollen. Aber eigentlich lieben Sie den Außendienst, die praktische Arbeit, das Holz in der Hand, das Geräusch der Motoren, den Geruch frischer Farbe usw. Der Schreibtisch, ständige Meetings und dieser Klüngel im Betrieb ist Ihnen zuwider. Dann sagen Sie NEIN! Sie tun sich selbst und Ihren möglichen Mitarbeitern damit einen großen Gefallen.

Wir erleben in der Praxis häufig die klassische Fehlentscheidung, die bessere Verkaufskraft infolge ihrer guten Leistungen zur Vertriebsleitung zu befördern. Und immerhin fast genauso häufig erleben wir dann im Beratungsalltag, dass der beste Verkäufer eben nur bedingt auch eine gute Führungskraft ist. So wurde uns von einem beförderten Vertriebsleiter erzählt: »Viel lieber bin ich auch jetzt noch draußen beim Kunden als im Büro. Und – im Vertrauen – die wirklich interessanten Geschäfte lasse ich mir nicht wegnehmen. Einen ganzen Tag im Büro würde ich gar nicht aushalten!«

Es ist häufig so, dass eine exzellente Verkaufskraft die Unabhängigkeit draußen bei ihren Kunden ebenso liebt wie das gute Gefühl »abzuschließen«. Jetzt sind aber als Führungskraft des Vertriebs ganz andere Anforderungen an sie gestellt. Es gilt Tourenpläne zu erstellen und zu überwachen. Sie soll die Mannschaft motivieren, den Vertrieb insgesamt steuern und die Ergebnisse erzielen, die gefordert sind. Nicht unbedingt Dinge, von denen unser Vollblutverkäufer träumte! Und seine Leute, die nun statt seiner zu den Kunden fahren sollen bzw. dürfen, fragen sich, warum der nette Kollege so ein missmutiger, grantiger Chef geworden sei. »Fast könnte man meinen, der sei sauer, dass er jetzt Chef ist!«, fasste ein Außendienstler sein neues Verhältnis zum Vorgesetzten uns gegenüber enttäuscht zusammen.

Management ist ergebnisorientiert! Und das bedeutet auch, dass Management nicht immer angenehm ist! Weder für die Mitarbeiter noch für denjenigen, der die Verantwortung und Leitung innehat.

Übung 5 für Ihre Führungspraxis

Sind Sie machtmotiviert? Haben Sie Freude daran, andere zu beeinflussen? Können Sie Entscheidung fällen und auch gegen Widerstand durchsetzen?

Macht ist hier durchaus positiv gemeint! Es gibt Situationen, die eine durchsetzungsstarke Führungskraft brauchen. Sie sollten vor Macht und Einflussnahme nicht zurückschrecken, denn in manchen Momenten kommt es genau darauf an!

Sind Sie wettbewerbsmotiviert? Auch hier geht es darum, dass Sie es als Ansporn sehen, die beste Leistung zu vollbringen. Waren Sie vielleicht schon früher gern der Schnellste oder haben Sie eher gesagt: »Es ist mir nicht wichtig, eine Topleistung zu vollbringen ...«. Gute Teamergebnisse Ihrer Mitarbeiter sind auch davon abhängig, inwieweit Sie als Chef den Ehrgeiz haben und weitervermitteln, eine vorhandene Leistung möglichst steigern und auch im qualitativen Ergebnis optimieren zu wollen.

Sind Sie beziehungsmotiviert? Gehen Sie gerne auf andere Menschen zu und begeben sich in aktive Kommunikation oder sind Sie eher der Einsiedlerkrebs, der viel mit sich allein ausmacht und sich gerne zurückzieht? Führungskräfte? sollten keine Scheu haben, mit ihren Mitarbeitern in Kommunikation zu treten und aktiv Beziehungen nach innen und nach außen zu gestalten.

Sind Sie ziel- und zweckorientiert? Suchen Sie stets den kürzesten Weg, um die Ziele zu erreichen und ist dies für Sie ein Ansporn, oder wägen Sie lange ab und verlieren sich gerne in der Ambivalenz? Wenn es Ihnen schwerfällt, kreative Entscheidungen zu treffen, um ein Ziel zu erreichen, dann deutet dies auf eine niedrigere Ziel- und Zweckorientierung hin.

Wenn Sie jetzt sagen, »Ja, das sind meine Motive ... hier finde ich mich wieder!«, dann nur los, eine Führungsaufgabe wartet auf Sie. Wenn Sie aber bei zwei oder sogar drei Motiven sagen, »Das ist nicht meins!«, dann überlegen Sie es sich gut.

Führungskräfte, die den Grundsatz der Ergebnisorientierung nicht bejahen, sollten keine Managementaufgaben übernehmen. Das gilt nach unserer Erfahrung nicht nur für Talente auf dem falschen Posten, wie das oben erwähnte Verkaufsgenie als Vertriebsleiter. Es gilt auch und in besonderem Maße für leitende Mitarbeiter von Non-Profit-Organisationen. Wer in einer auf Spenden und sichtbare Ergebnisse angewiesenen Hilfsorganisation nicht fähig ist, z. B. Tadel oder Ermahnungen auszusprechen, weil Mitarbeiter »ihren Hintern nicht hochkriegen«, gerät in Gefahr, die ganze Organisation vor den Augen der Öffentlichkeit an die Wand zu fahren. Auch viele öffentliche und private Betriebe leiden darunter, von Mitarbeitern ausgenutzt zu werden, weil der »Gutmensch« als Vorgesetzter Streit scheut und Konsequenzen meidet.

Wenn Sie also merken, dass diese schwierigen Seiten jeder Führung von Personen Ihnen nicht nur unangenehm sind, sondern Sie auch zutiefst belasten, dann sollten Sie sich diesem Druck gar nicht aussetzen. Es ist dann gesünder für Sie und besser für alle Beteiligten, wenn Sie eine Beförderung nicht annehmen. Wir betonen dies hier, da wir immer wieder auf Führungskräfte treffen, die in diese Aufgabe durch die Aussicht auf höheres Ansehen und Einkommen scheinbar hineingerutscht sind, ohne sich die Konsequenzen klar vor Augen geführt zu haben.

»Als ich diese neue Aufgabe übernommen habe, hat mir keiner gesagt, dass das so viel Ärger geben kann!« »Wenn ich das gewusst hätte, dann hätte ich lieber den alten Job behalten!« »Früher kam ich mit allen gut zurecht. Nun muss ich drängen, tadeln, sogar abmahnen. Ich wäre gerne noch so beliebt wie vor dem Karrieresprung!«– diese Klagelieder hören wir häufig. Sie sollten es sich rechtzeitig ersparen, in diesem Chor mitzusingen!

Das konkrete Bild der eigenen Aufgabe

Etwas ernüchtert stellen wir immer wieder fest, dass Führungspersonen ihre eigene Aufgabe nicht und vor allem nicht positiv beschreiben können. Sie sagen ihren Titel, eventuell garniert mit einigen akademischen Graden. Einer erzählte uns, dass er heute wieder von einer Konferenz zur anderen gejagt sei und eigentlich nicht die Ruhe und Zeit habe, jetzt mit uns zu reden. Ein gehetzter Spielball vermeintlicher – oder auch realer – Anforderungen. Ein typischer Vertreter für die Arbeitseinheit »Prozesse managen« – wie wir später sehen werden. Auch beim zweiten Nachfragen konnte er auf die Frage, WAS er tue, nur mit seinem Titel – WAS er IST – und mit der Beschreibung, WIE er formal arbeitet, antworten. Wir steigerten dann die Frage zu dem pointierten: »Und weshalb gibt Ihnen Ihre Firma dafür Geld??« Nach einem kurzen empörten Luftschnappen nahm dieser Mann sich die Zeit, langsam und eher schüchtern seine Aufgabe zu beschreiben. »Ich sorge mit meinem Team dafür, dass die Hardware-Ausstattung im Unternehmen eingekauft, verwaltet und evtl. wieder entsorgt wird. Dabei bieten wir auch einen Operator-Service für alle Plätze und eine Telefonhotline an.«

Übung 6 für Ihre Führungspraxis

1. Ihr Chef und Sie selbst schreiben die drei bis fünf Kernaufgaben Ihrer Person und Ihres Teams getrennt voneinander auf. Das parallele Notieren führt zum intensiveren Dialog, da unterschiedliche Schwerpunkte und Perspektiven unabhängig voneinander formuliert werden

2. Schauen Sie Ihre Beschreibung an – haben Sie in positiver Weise formuliert? Sind es vor allem Formalia, Kontrollfunktionen, Verhindereraufgaben (keine Fehler, »Papierkram«, Aufsicht, disziplinarische Funktionen) oder können Sie in begeisterten, ansteckenden Worten beschreiben, wie Sie zum Auftrag und zum Gelingen des Unternehmens beitragen?

3. Sie vergleichen Ihren Entwurf und die Arbeitsbeschreibung, die Ihre Vorgesetzten entwickelt haben und stimmen sie aufeinander ab. So können Sie auch klären, ob der gemeinte Arbeitsauftrag der erteilte ist, usw.

Manchmal sind die Aufgaben viel komplexer und schwer zu beschreiben. Falls Sie beim Lesen merken, dass Sie sich unsicher fühlen, empfiehlt sich hier eine Abstimmung mit Ihrem Vorgesetzten.

Alternativ: Falls Sie lieber Ihr eigenes Ding machen und nur eine Genehmigung Ihrer Vorgesetzten wollen, schreiben Sie selbst Ihre fünf Aufgaben auf und bitten Ihre Leitung um Kenntnisnahme, Genehmigung oder Korrektur.

Der dritte mögliche Weg, Ihre Führungskraft für Sie arbeiten zu lassen und die Kernaufgaben nur zu empfangen, halten wir nicht für sinnvoll. Falls Sie sich trotzdem aus internen Gründen dafür entscheiden, bitten wir Sie eindringlich, zumindest für sich selbst, zur eigenen Kontrolle Ihr eigenes Bild Ihrer Aufgabe SCHRIFTLICH notiert zu haben. Wenn Sie schon das dialogische Erarbeiten vermeiden, sollten Sie sich zumindest nicht die unabhängige Wahrnehmung der verschiedenen Perspektiven – vor allem die redliche Auseinandersetzung mit der eigenen (!) Perspektive – ersparen.

Die Entscheidung, welchen Weg Sie wählen, liegt bei Ihnen. Aber scheuen Sie nicht den Weg der Abklärung, denn je länger man aneinander vorbeigeredet und gearbeitet hat, desto größer ist anschließend der Ärger, die Enttäuschung.

Das positive Bild der eigenen Aufgabe

Nehmen Sie sich Zeit, und beschreiben Sie Ihren eigenen Beitrag zum Gelingen des Firmenauftrages in positiven Worten.

Erstens wissen Sie dann, dass und wo Sie wichtig sind. Zweitens merken Sie schneller, was eigentlich nicht zu diesem Auftrag gehört. Diesen Feldern zugeordnete Konferenzen, Nebenkriegsschauplätze oder andere Ablenkungen können Sie dann unbesorgter streichen oder zumindest delegieren. Und drittens sind Sie so ein motivierendes Vorbild für jeden Ihrer Mitarbeiter.

Beginnen Sie zum Beispiel die morgendliche Besprechung nicht mit »Kollegen, da müssen wir noch diese Konferenz über uns ergehen lassen. Und dann kommt der langwierige Auftrag von X unaufhaltsam auf uns zu ...«

Beschreiben Sie Ihre Verantwortung und die Bedeutung Ihres Teams wertschätzend! Mag sein, Sie fühlen sich durch die Abteilungsleitung in der Registratur nicht sehr gefordert. Auch Ihre Kollegen würden die muffigen Aktengänge oder das monotone Surren der EDV gerne gegen die abwechslungsreichere Arbeit mit Kunden oder die kreative Stimmung in der Entwicklungsabteilung tauschen. Auch hier ist Ihre Sicht als Führungskraft von weitreichendem Einfluss darauf, wie Ihre Mitarbeiter diesen Job verstehen. Sie können die Bedeutung Ihrer Aufgabe betonen, Sie können darüber hinaus das Ganze auch in einem griffigen Bild verdeutlichen und damit für jeden begreifbar machen. Beginnen Sie jedoch jeden Tag mit einem Lamento, gehen alle frustriert an das Tagwerk.

Eine Leiterin der Aktenregistratur einer Versicherung entwickelte im Coaching für eine bevorstehende motivierende Teamsitzung, in der neue Organisationslösungen gesucht werden sollten, einmal folgendes Bild für die Ansprache:

»Liebe Teamkollegen, wenn unsere Firma ein Körper wäre, was wäre dann unsere Abteilung für ein Körperteil: der krumme Zehnagel, für den wir uns oft halten? Die Warze, die keiner mag? Wenn wir uns unsere Aufgaben und deren Bedeutung anschauen, glaube ich, sind wir nichts Geringeres als das Langzeitgedächtnis unserer Firma. Wir sorgen dafür, dass hier kein Alzheimer ausbricht! Ohne uns kann die Finanzabteilung die richtigen Gehälter nicht zahlen, die Rechtsabteilung die Fälle nicht abschließen.

Je besser und effektiver das Gedächtnis funktioniert, desto besser und effektiver kann der Organismus auf Erfahrungen zurückgreifen. Wir sollten uns anstrengen, dass diese wichtigen Nervenstränge unserer Firma so gut vernetzt sind und so schnell arbeiten wie nur möglich. Ich möchte mit Ihnen gemeinsam überlegen, wie und wo wir uns da noch verbessern können!«

Durch solch wertschätzende Bilder machen Sie die Bedeutung der einzelnen Aufgaben und den wichtigen Anteil am Ganzen klar. Es ist ein minimaler Aufwand, aber er kann große Wirkung haben. Dabei ändert sich auch Ihre eigene innere Haltung zur Aufgabe insgesamt und zu Ihrer Führungsarbeit, und das ist gut. Denn der Weg zur minimalen Führung beginnt beim ICH.

Wie wichtig der eigene Beitrag zur großen Arbeit – und die große Arbeit für den eigenen Beitrag sein kann, erzählt die Geschichte der drei Steinhauer. Ein Vorübergehender sieht diese angestrengt knien und große Steine in die richtige Form schlagen. Er fragt den ersten, was er hier tue. »Ich behaue Steine! Das siehst du doch!« Der Gefragte blickt nicht auf, sondern schlägt stur weiter. Der Fremde fragt den Zweiten, und dieser schaut ihn an und antwortet: »Ich habe eine große Familie! Viele Münder sind zu stopfen! Hier verdiene ich unser Brot!« Der Dritte aber steht auf, schaut hoch auf das Gebäude nebenan und sagt stolz: »Ich baue diesen Dom!«

Führung macht Spaß

Klang dies alles etwas angestrengt? Und fällt Ihnen nun vor allem Ihr ach so großer Leidensdruck ein? Und nun sollen Sie das Ganze auch noch positiv sehen?

Wir hoffen nicht! Neben den echten Fehlbesetzungen und den Managern in relativ ausweglosen, tragischen Situationen gibt es doch auch die große Vielzahl derer, die erkannt haben, dass Führen neben Verantwortung auch Freude bedeutet. Manchmal bedarf es sicher ein wenig Technik und Selbstkontrolle, um in schwierigen Situationen noch die positive Sicht der Dinge zu vermitteln, aber grundsätzlich hoffen wir, dass Ihnen die Führung Ihrer Mitarbeiter auch ein Weg der Selbstverwirklichung, der Erfahrung eigener Fähigkeiten, der Selbstbestätigung und der Freude über das Erreichte bedeutet.

Vielleicht ist es die Erfahrung von Macht, die Lust, etwas machen, erreichen, gestalten zu können, die Sie befriedigt. Gestehen Sie sich dies zu. Es ist wichtig, richtig und gut, dass es Menschen gibt, die Lust daran haben, Macht auszuüben. Wenn Sie Skrupel haben sollten, dann nicht vor der Macht, sondern vor den Gefahren des Machtmissbrauchs. Hier ist es wie beim Alkohol. Solange Sie nicht die Macht auf Kosten anderer »saufen«, sollten Sie sich von niemandem das Glas Wein sauer reden lassen!

D. h., der häufig erlebte Missbrauch der Macht ist das, was abschreckt, nicht die Macht an sich!

Vielleicht kommunizieren und lehren Sie gerne. Es macht Ihnen Freude, mit Menschen zusammenzuarbeiten. Und Sie konnten diese Aufgabe übernehmen, weil Sie auch die Menschen aushalten und leiten können, die Ihnen manchmal schwerfallen. Dann seien Sie stolz darauf. Das können nicht viele!

Eine optimistische Führungsgestalt ist für die Motivation Ihrer Mitarbeiter ein großer Gewinn.

Wenn Sie jedoch Ihren Führungsauftrag als unerträgliche Last, als Dilemma, als Falle und Hölle auf Erden erleben, dann sollten Sie sich schnellstmöglich Coaching holen, denn in dieser Verfassung schaden Sie sich, dem Team und der Firma. Vielleicht können Sie noch eine Weile funktionieren. Zu höheren Ergebnissen motivieren und zielorientiert strukturieren können Sie so nicht mehr!

Hier geht es Ihnen wie jedem Leistungssportler. Nicht jedes Training und jedes Fußballspiel muss Spaß machen. Aber wenn die Bewegung nur noch als Last und nicht mehr mit Lust empfunden werden kann, muss sich dringend etwas ändern. Sie an sich selbst oder an Ihrer derzeitigen Rolle!

Die Prinzipien des ICH

Zusammenfassend können wir nun die ersten drei Prinzipien der minimalen Führung festhalten, nämlich:

1. Ergebnisorientierung steht im Vordergrund Ihrer Führungsarbeit. Sie sind Führungskraft, um Ergebniserarbeitung im Team verantwortlich zu begleiten. Ihr Auftrag ist somit:

- Prüfen Sie, ob Ihre eigene Einstellung zu Ihrer Aufgabe positiv ist. Erarbeiten Sie sich einen positiven, wertschätzenden Zugang zu den Aspekten Ihrer Arbeit. Definieren Sie Ihre Aufgaben und helfen Sie dem Team, die eigenen Erfolgsfaktoren für Ergebnisorientierung zu definieren.
- Definieren Sie mit dem Team das zu erreichende Ergebnis und bieten Sie den Mitarbeitern somit einen Rahmen für optimale Ergebniserfüllung! Zeigen Sie Interesse an einer ständigen Ergebnisverbesserung. Nur dann werden auch ihre Mitarbeiter Interesse an der Steigerung entwickeln. Reden Sie über das Ergebnis und deren Bedeutung für das gesamte Unternehmen! Schaffen Sie einen Leistungsrahmen mit höchstmöglicher Transparenz!

2. Den Einstieg zum minimalen Führungsstil erarbeiten Sie durch konsequente Selbstführung

- Nehmen Sie sich zunächst einmal Zeit zur Reflektion! Fokussieren Sie auf Themen, die Sie beeinflussen können. Dies ist der erste Schritt zu mehr Gelassenheit!
- Organisieren Sie Ihre Arbeitsprozesse nach den Fokusthemen, die Sie bewegen wollen bzw. laut Auftrag umzusetzen haben.
- Gestalten Sie für sich einen klaren Rahmen, wie eine Zielerreichung möglich wird! Definieren Sie die Rahmenbedingungen für das Team und halten Sie sich selbst daran!
- Klären Sie, wie Sie Ihre (Kindheits-)Erfahrungen mit Führung auf die Mitarbeiter übertragen!

3. Ihre Art der Führung richtet sich nach der jeweiligen Situation

Sie setzen sich zum Ziel das Team auf minimale Führung und Selbstorganisation auszurichten. Auf dem Weg dahin, beachten Sie die situative Führung

- Führen eher maximal, wenn Ihre Expertise oder schnelle Entscheidungen gefragt sind.
- Führen eher minimal, wenn das Team oder die Mitarbeiter selbst lernen und Entscheidungen fällen sollen, bzw. die höhere Expertise entstehen wird, wenn das Team die Ergebnisse selbst erarbeitet.

Die Prinzipien des ICH

Reden ist ein Bedürfnis
Zuhören ist eine Kunst

DU – Mitarbeiterführung

Menschen, die miteinander arbeiten, die unter Umständen gemeinsam arbeiten, müssen kommunizieren. Und je eindeutiger, verständlicher und anerkennender miteinander gesprochen und gehandelt werden kann, desto besser ist das für ein angemessenes Arbeitsklima und für ein entsprechendes Arbeitsergebnis. Wobei es hier vor allem um ein faires, nicht um ein konfliktfreies Miteinander geht.

Was für Menschen auf der gleichen beruflichen oder partnerschaftlichen Ebene gilt, erweist sich auch zwischen den Ebenen als sinnvoll und gewinnbringend. Eltern müssen ihren Kindern zuhören können, um sie sinnvoll zu erziehen. Lehrer, die nicht verstehen, was in ihren Schülern vorgeht, können vielleicht Wissen einpauken, aber nicht Wachstum und Erwachsenwerden fördern.

Dialog lässt sich erlernen

Gespräche führen kann man intuitiv oder mit Instrumenten, die man heranzieht und die einem letztlich einen Handlungsspielraum eröffnen.

Gute Dialoge sind geprägt von einem starken Interesse, den anderen zu verstehen. Wenn Führungskräfte die Haltung zeigen, die Mitarbeiter und deren Ansichten und Motive zu verstehen, werden sie auch Verständnis von den Mitarbeitern ernten können. Im Rahmen des Führungsalltages gibt es viele Gelegenheiten, mit dem Mitarbeiter in Gespräch zu kommen.

Dabei gibt es zunächst die kleinen Anlässe, die im tagtäglichen Doing einen Dialog erforderlich machen. Es gibt aber auch geplante Gespräche, wie zum Beispiel Feedback oder Entwicklungsgespräche – die aus unserer Sicht eher einen »out oft he Box«-Charakter haben sollten. D. h. man spricht nicht in erster Linie über das Was sondern vor allem auch über das »Wie man eine Sache gemeinsam bewältigen möchte?«.

Der gute Draht und die eigene Glaubwürdigkeit sind zentral

Das wichtigste Gut einer Führungskraft ist die Glaubwürdigkeit. Alle Techniken der dialogischen Führung sind nur dann wirksam, wenn Sie aus einer Haltung der Glaubwürdigkeit erfolgen. Je deutlicher etwa eine Regierung versteht, was beim »kleinen Mann« passiert, je besser sie außerdem kommunizieren kann, dass sie die Ängste und Hoffnungen der jeweiligen Bevölkerung ernst nimmt – desto eher kann sie auch umgekehrt hoffen, in ihren Reformvorhaben und bei nötigen bitteren Einschnitten unterstützt und vom eigenen Volk mitgetragen zu werden. Der Ausspruch des beliebten amerikanischen Präsidenten John F. Kennedy: »Frage dich nicht, was dein Land für dich tun kann, sondern was du für dein Land tun kannst!« wurde nur deshalb so bekannt und anerkannt, weil dieser Mann selbst glaubwürdig war in dem, was er für sein Volk und sein Land tat. So konnte er mit diesen Worten mobilisieren. Sie wurden nicht als eine weitere unverschämte Forderung aus dem Mund arroganter Machthaber empfunden.

Und aus demselben Grunde gelingt es anderen Regierungen nicht, mit diesem Zitat auch nur annähernd Aufbruchsstimmung zu erzeugen, solange es ihnen an Dialog und Glaubwürdigkeit mangelt.

Ich muss und will es nicht allen recht machen

Dabei wäre es ein großer Irrtum, wenn eine Führungskraft versuchte, auf alle an sie herangetragenen Kommunikationsbedürfnisse wunschgemäß zu reagieren. Ein Chef, welcher dem Lehrling, den Vater, der vereinsamten Sekretärin den Partner und der durch Pensionierung auf zwei Personen abgeschmolzenen Skatrunde den dritten Spieler ersetzt, wird selbst zum Spielball des Betriebes, zum Mülleimer, zur Projektionsfläche sich widersprechender Erwartungen und Wünsche.

Am Ende stöhnen enttäuschte Mitarbeiter unter einer ausgebrannten Führungskraft, die es allen recht machen will und doch nur vom kleinen Fettnäpfchen ins nächstgrößere Butterfass springt. Eine immer zu allen Seiten liebe und damit letztlich als schwach erfahrene Leitung hinterlässt unter Umständen größeren Frust bei ihren Angestellten als der autoritäre, vielleicht als störrisch und schwierig, aber zugleich als berechenbar erlebte Chef, oder die scharfzüngige, knallharte aber auch verlässliche Chefin.

Das soll nun kein Aufruf zu einem egozentrischen und machtversessenen Führungsstil sein. Aber wir wollen deutlich machen, dass die leitende Person auch echte Leitungskompetenz haben muss. Die Führungskraft gibt den Rahmen vor. Je größer sie ihn lassen kann, desto größer ist das Feld, das insgesamt begangen wird. Und wir empfehlen eine möglichst große, auch für die Geführten motivierende »Landschaft«. Die Angelegenheit ist allerdings gekippt, wenn die Mitarbeiter wie wilde, starke Hunde vorneweg stürmen und das schmächtige Herrchen oder Frauchen hilflos bittend hinterher stolpert.

Ein Dialog muss gut »geführt« werden

Wie bereits im »Ich«-Teil dargestellt, muss die Führungskraft wissen, was sie will. Sie muss an der Sache interessiert sein, das Ergebnis anstreben und mögliche Wege erkennen. Sie muss nicht alles entscheiden, aber sie sollte keine Angst vor Entscheidungen haben.

Wie in jeder zwischenmenschlichen Beziehung, besonders wenn sie auf verschiedenen Ebenen verläuft, ist ein gutes Selbstbewusstsein und das eigene Wissen, wohin man will, genauso unabdingbar wie ein offenes Ohr für den anderen und die Zeit zu einem vertrauensvollen Gespräch. Es gibt kaum ein größeres Unglück für ein Kind als Eltern, die selbst nicht wissen, was sie wollen. Ähnlich gefährlich und für ein Kind noch trauriger sind Eltern, die nicht zuhören und auf das Bedürfnis oder auch auf die Not ihrer Kinder nicht eingehen können.

Hoffentlich haben Ihre Mitarbeiter noch hinreichend emotionale Ressourcen außerhalb ihrer Arbeit, und wahrscheinlich sind sie stabiler und unabhängiger als kleine Kinder. Aber für Ihr Unternehmen und für die guten Ergebnisse, die Sie in diesem erreichen wollen, ist eine Mischung aus klarer Leitungskompetenz und einem offenen Ohr für Ihre Mitarbeiter eine wichtige Voraussetzung guter Leitung und erfolgreichen Führungsstils. Damit Kinder gut wachsen können, brauchen Sie einen guten Rahmen – genauso sollten auch Führungskräfte in Dialogen mit den Mitarbeitern erfragen, wie sie den Rahmen verbessern können und Coaching geben, um die Leistung zu optimieren. Nehmen Sie sich also Zeit zum Gespräch, dann können Sie die Eigenmotivation Ihrer Mitarbeiter entfalten und führen sich und diese zu einer qualitativen und quantitativen Verbesserung der Arbeitsleistung.

Eine gute Vorbereitung ist 80 % des Erfolges

Bevor Sie in wichtige Gespräche gehen, ist es unabdingbar, sich gut vorzubereiten. Manche Führungskraft überraschte uns bei der Beratung mit Aussagen wie: » Ich mache den Job jetzt schon einige Jahre. Da brauche ich mich auf Gespräche nicht mehr vorzubereiten, denn ich kenne ja meine Pappenheimer!« Nun kann man diesen Satz natürlich auch umdrehen. Die Mitarbeiter kannten Ihren Chef-Pappenheimer schließlich auch. Vor Überraschungen sind beide Seiten so relativ sicher. Chancen werden nicht erkannt, weil auch keine erwartet werden. In gewisser Weise besteht die gemeinsame Stunde aus vielen Minuten, die man sich eigentlich auch sparen könnte!

So sieht kein Erfolg versprechendes Mitarbeitergespräch aus! Sie müssen vorher wissen, was Sie wollen. Sie müssen den Rahmen kennen, innerhalb dessen man mit Ihnen verhandeln kann. Sie sollten Ihr Gesprächsziel explizit formulieren können. Sie sollten dabei beweglich bleiben, nicht starr und stur, wo es nicht nötig ist. Aber ins Schwimmen kommen sollten Sie vor Ihrem Mitarbeiter nicht. Wer zu einem neuen Ziel aufbricht, schaut vorher auf die Karte, um nicht am Rand der Landstraße an der unbekannten Kreuzung beim Kartenlesen in Schwierigkeiten zu geraten. Und wer sich blind auf das eigene »Navi« verlässt, weil sich das bewährt habe, sollte an die Gelegenheiten denken, wo eine freundliche Stimme im PKW dringend empfahl, die Treppe hinunterzufahren oder in den nächsten Feldweg einzubiegen, da man z. B. das Update vergessen hatte bzw. selbst ein Satellitengesteuertes Navigationsgerät nicht fehlerfrei funktioniert.

Auch wenn eine gute Vorbereitung Ihnen jetzt vielleicht wie ein zusätzlicher Aufwand vorkommt, ist dieser »minimaler« als kilometerlange Umwege, riskante Wendemanöver und versehentliche Irrwege.

Dabei ist es hilfreich, möglichst konkret die eigenen Anforderungen und Aufgaben an den Gesprächspartner zu kennen und vor allem auch zu beachten, inwiefern meine Ansprüche an eine neue Aufgabe oder eine Steigerung der bisherigen Leistung mit den Fähigkeiten und Voraussetzungen aufseiten des Mitarbeiters kompatibel sind.

Auch gilt es mögliche Themen zu bedenken, die vorrangig wenig zentral erscheinen. »Was könnte ein Thema meines Gesprächspartners sein?«, ist eine Frage, die Ihnen hilft, sich in den Gesprächspartner hineinzuversetzen. Wenn wesentliche und zugängliche Informationen vor dem Gespräch nicht vorbereitet wurden, muss im Gespräch nach Alternativen gesucht werden, und dann wird man leicht zum Spielball des Gesprächspartners.

Zielvereinbarungen im Prinzip der minimalen Führung

Wir steigern den Umsatz um 10 %! Wir erhöhen die Produktion und senken die Fehlerquote um 5 %! So oder ähnlich soll häufig eine hoffentlich motivierte Belegschaft auf neue Aufgaben und Ziele eingestimmt werden.

»Und warum sollte man nicht große Ziele in Angriff nehmen, wenn man viel erreichen will?! Dazu sind doch Zielvereinbarungsgespräche da, oder?«, fragen uns manche Führungskräfte.

»Und warum verläuft dann Ihr Weg nicht zu Ihrem Ziel?«, fragen wir dann häufig zurück.

Die Chance und die Grenze der SMART-Regel

In den letzten Jahren hat die sogenannte SMART-Regel zahlreiche Anhänger im Management gefunden. Ziele sollen »Specific, Measurable, Achievable, Relevant and Timely« sein. In Deutschland wird dazu meist die Übersetzung: «Spezifisch, Messbar, Attraktiv, Realistisch und Terminiert« verwandt.

Spezifisch sein bedeutet, dass ein Ziel eindeutig, präzise und positiv formuliert sein soll. Falls Sie ein sehr weitläufiges und großes Ziel anvisieren, zeigt sich hier die Notwendigkeit einer Unterteilung in kleinere, spezifischere »Unterziele«.

Die Reduktion der Fehlerquote um 5 % wäre ein Beispiel für ein konkretes quantitatives Ziel. In der Praxis werden Sie häufig erleben, dass es leichter ist, bei quantitativen Zielen spezifisch zu sein als bei qualitativen Zielen. In der modernen Zeit wird es jedoch immer schwieriger ein spezifisches Ziel zu nennen, außerdem besteht die Gefahr, dass der Mitarbeiter zielfokussiert sich dann auf das spezifische Messziel beschränkt und rechts und links andere Notwendigkeiten vergisst. D. h. spezifische Ziele können auch eine Fokussierung bedeuten, die die gewünschte Gesamtverantwortung des Mitarbeiters behindert.

Messbar steht dafür, dass Sie irgendwann auch überprüfen müssen, ob Sie ein Ziel erreicht haben. Deshalb ist das präzise Formulieren wichtig. Nur so können Sie später beurteilen, ob sie ein Ziel ganz, teilweise oder gar nicht erreicht haben.

Gerade bei qualitativen Zielen treten hier oft Schwierigkeiten auf. Woran machen Sie fest, ob einer Ihrer Mitarbeiter das Ziel, »sich teamfähiger zu verhalten«, auch erreicht hat? Hier ist schon bei der Zielfestlegung auf die Kriterien zu achten, an denen Sie den Mitarbeiter später messen werden. Hier können Feedbacks helfen, die regelmäßig eingeholt werden, um auch ein weiches Ziel zu evaluieren.

Attraktiv bedeutet, dass ein Ziel positiv formuliert ist und dass es erreichbar und erstrebenswert ist. Ein attraktives Ziel widerspricht z. B. nicht den Wertvorstellungen des Mitarbeiters. Der Mitarbeiter kann den möglichen Aktionsradius erkennen und akzeptieren. Eine positive Formulierung erhöht gemeinhin die Attraktivität. Erstens, weil das Wort NICHT stets eher negativ die Vermeidung von Aktivität intendiert, und zweitens, weil negative Ziele mental weniger stark und weniger erstrebenswert abgespeichert werden. In den meisten Betriebsabläufen ist es sinnvoll, das Positive zu verstärken, statt die Aufmerksamkeit zuvorderst auf die Mängel zu richten. Es ist für uns schöner, wenn wir erfahren, dass wir besser geworden sind, nicht nur »weniger schlecht«!

Realistisch ist ein Ziel dann, wenn es auch erreichbar ist. Forderungen, auch hohe Anforderungen sind im Arbeitsleben in unseren Augen sinnvoll. Sie sollten Ihren Mitarbeitern ruhig hohe Ziele stecken. Aber Sie sollten Überforderung vermeiden, denn diese erzeugt bestenfalls Stress und Frust. Schlimmer noch ist etwa der Qualitätsverlust, der in Kauf genommen wird, um das hohe quantitative Ziel zu erreichen. Kurios kann es werden, wenn Sie zum Beispiel eine wertvolle Ressource Ihres Mitarbeiters vergeuden, ohne eine neue hinzuzugewinnen. Ein Geschäftsmann erzählte uns von einer sehr gewissenhaften Sekretärin, die alle Fehler in einem vorgelegten Arbeitsablauf stets zu hundert Prozent entdeckte. Diese wurden sorgfältig in Schönschrift notiert und der Akte beigelegt. Eines Tages versuchte er, die Geschwindigkeit seiner Mitarbeiterin zu steigern. »Schreiben Sie es doch bitte weniger ordentlich und knapper auf, damit Sie schneller fertig werden!«, forderte er. Am nächsten Tag saß die Frau noch länger an jedem einzelnen Vorgang. Zusätzlich zur perfekten Kontrolle bemühte sie sich nun auch noch, ihre Schrift unregelmäßiger und ihre Formulierungen knapper zu gestalten.

Terminierbar ist Ihr Ziel, wenn Sie ihm einen zeitlichen Rahmen gegeben haben. Nicht irgendwann, sondern in der nächsten Woche, in einem Monat oder in einem Jahr wollen Sie bewerten, ob das Ziel erreicht wurde. Ohne diesen Rahmen schweben die guten Vorsätze haltlos durch den Raum. »Irgendwann wird es schon besser werden!« – das ist bestenfalls eine Parole zum Durchhalten in großer Not oder eben auch nur die bequeme Ausrede für die faule Haut.

Getreu diesen Regeln werden nun also die Anforderungen hinreichend in kleine Unterziele eingeteilt ... Spezifisch, messbar, attraktiv, realistisch und terminiert – Haben Sie alles beachtet?

Tore kann man nur erarbeiten, nicht befehlen – Training schon

Eine Unternehmensvision wird zur Strategie und eine Strategie sollte dann in Ziele heruntergebrochen werden. Dieser Ansatz leitet sich aus dem MBO-Denken (Management by Objectives von Peter Drucker) ab. Häufig erleben wir, dass Unternehmen Großes ins Auge fassen. Schon nach einigen Monaten ist aber eigentlich klar, dass aufgrund veränderter Bedingungen diese Ziele gar nicht mehr zu erreichen sind. In einer globalen und digitalen Welt wird diese Einsicht in die Schnelllebigkeit und Veränderung der Umstände die Unternehmen immer häufiger fordern.

Dabei hängt das Erreichen von Zielen nicht allein an den Mitarbeitern. Hier spielen Umwelt, Mitbewerb, Marktveränderungen, das Kundenverhalten etc. eine wichtige Rolle.

Die Geschwindigkeit der zu erwartenden bzw. der unerwarteten Veränderungen hat zugenommen und wird weiter zunehmen. Da können dann Hau-Ruck-Aktionen auch nicht mehr helfen. Meistens verbergen sich dahinter statistische Tricks oder kurzfristige Manöver, um mit geschönten Zahlen Vorstand oder Anleger zu blenden. Mit seriöser Leitungskompetenz auch im Sinne des Unternehmens haben solche Rettungsaktionen nichts gemein.

Außerdem verführt das vergebliche Ringen um Ziele dazu, im Falle eines Nicht-Erreichens auf die Therapie »Mehr desselben« zu verfallen. Wenn nicht der Werbebrief an die Kunden vorgeschrieben wird, sondern deren positive Resonanz, kann eine fehlende Reaktion entmutigen. Aber es wäre sicher nicht hilfreich, wenn nun mit einem weiteren Regen an Werbungsschreiben endlich die Kundenresonanz erzwungen wird. Vielleicht sieht diese dann so aus, dass der genervte Empfänger den Kontakt zum Unternehmen gänzlich abbricht, um der Kommunikation, die von ihm als penetrant wahrgenommen wird, zu entkommen.

Das sind einige der Gründe, warum die althergebrachte, klassische Zielvereinbarung heute immer weniger Sinn bereitet. Schauen wir im ersten Schritt, was inhaltlich dort normalerweise alles vereinbart wird. Drei Bereiche sind aus unserer Erfahrung von zentraler Bedeutung:

Zeigt sich in der Vereinbarung die Handschrift des Mitarbeiters?
Sehen wir nicht nur Ziele, sondern auch gangbare Wege, die vereinbart werden?
Werden diese Ziele bei sich ändernden Außenbedingungen überprüft und gegebenenfalls geändert?

Wir greifen einige typische Vereinbarungen aus schriftlichen Zielvereinbarungen einiger Unternehmen heraus:

»Verkauf von Einheiten > € 30.000,00«
»Gewinnt höhere Akzeptanz bei Kunden«
»effizienteres und gutes Zeitmanagement«
»zu verbessern bei Arbeitsweise: Belastbarkeit«
»Kommunikationsfähigkeit weiter entwickeln«

Was wir hier häufig nicht finden ist eine persönliche Handschrift des Mitarbeiters. Eine oberflächliche Art, Ziele zu definieren, erleichtert es jedem Mitarbeiter, die Zielvereinbarung weniger ernst zu nehmen und die Umsetzung nicht anzugehen. »Vereinbarungen« sind damit auch schwierig überprüfbar, und von solchen Ausdrücken wie »Gewinnt höhere Akzeptanz und Wertschätzung bei Kunden« geht wenig motivationale Kraft aus. Der Mitarbeiter geht jetzt mit diesem Satz nach Hause, aber was soll er denn jetzt konkret tun?

Und weiß die Führungskraft, die dies vereinbart, hier konkret, was zu tun ist? Der fromme Vorsatz wird sicherlich einen realen Hintergrund haben, aber hilft das dem Mitarbeiter beim Umsetzen oder Erreichen dieses Ziels? Als Fazit wird aus unserer Sicht heute in Unternehmen bereits inhaltlich zu wenig Fokus auf den Weg, wie ein Ziel erreichbar werden soll, gelegt.

Der Beleg dafür ist, dass in vielen Unternehmen im schriftlichen Formular für Zielvereinbarungsgespräche häufig gar kein Platz oder eine Möglichkeit vorgesehen ist, Aktivitäten, Aufgaben oder konkrete Maßnahmen festzuhalten. Genau das wäre aber sinnvoll, denn hier ist dem Mitarbeiter klar, was er zu erledigen hat.

Und nur für diese seine Arbeit und für das dort anzustrebende Ergebnis ist er verantwortlich. Wie ein Fußballtrainer kann man das Training effektiver machen, Standardszenen üben, Pünktlichkeit und Einsatz verlangen. Der Sieg selbst aber lässt sich nicht befehlen, nur erstreben! Und ein guter Trainer weiß, dass eine Niederlage nach einem unsinnigerweise befohlenen Sieg doppelt demotiviert.

Sinnvoller ist es aus unserer Sicht, wenn es der Führungskraft gelingt einen Fixstern, ein grobes Ziel und Erfolgsfaktoren der gemeinsamen Arbeit zu beschreiben. Diese sind dann zwar nicht smart, geben aber für die Kollegen im Team eine Richtschnur vor. An diesem Fixstern können dann gerne smarte kurzfristige Ziele ausgerichtet werden. So bleibt das Team flexibel und ist trotzdem auf dem Weg sehr konkret. Die jeweilige Leistung kann transparent gemessen werden. Aber der Weg wird nicht zum Gitter, da der übernächste, vielleicht auch schon der nächste Handgriff neu justiert werden kann, wenn die Strömung des Wandels vom Schiff auf dem Weg zum Ziel ein Neusetzen der Segel verlangt.

Übung 7 für Ihre Führungspraxis

Fragen Sie in einem Workshop Ihr Team/Ihre Mitarbeiter:

1. Woran würden wir am Ende des laufenden Geschäftsjahres erkennen, dass wir in diesem Jahr eine Topleistung abgeliefert hat? Welche Erfolgsfaktoren fallen uns hier ein?

2. Was müssen wir dann aus derzeitiger Sicht dafür tun? Welche Ziele können hieraus abgeleitet werden?

3. Überprüfen Sie, ob diese Ziele auch »SMART« sind bzw. SMART formuliert werden sollten.

4. Und jetzt priorisieren Sie die Ziele nach Wichtigkeit und leiten dann davon erste Aufgaben ab.

5. Fragen Sie sich nach der Fertigstellung, wann und wie Sie selbst die Erreichung überprüfen können und werden (oder sogar von jemand Drittem überprüfen lassen). Visualisieren Sie für das Team die erreichten Milestones als Erfolgsbarometer.

Aufmerksamkeit, Disziplin und Regelmäßigkeit beim Erledigen der vereinbarten Aufgaben

Im Laufe des Jahres muss für Ihre Mitarbeiter und Sie als Führungskraft nicht nur klar werden, ob die Ziele erreicht werden können, sondern auch, ob die Vereinbarung eingehalten wird. Dieses letztere Anliegen, das für uns zentraler ist, kann auch erreicht werden, wenn das Ziel noch in weiter Ferne ist. Das Ziel, z. B. den Umsatz um 10 % zu steigern, kann verfehlt werden, obwohl der Mitarbeiter seine Aufgaben zu 100 % erfüllt hat. Bei der Zielerfüllung ist er vom Markt abhängig. Das Ziel liegt eben nicht allein in seiner Hand.

Bezieht sich die Verbindlichkeit nur auf die Ziele, so hat der Mitarbeiter andererseits auch zu leicht Entschuldigungen zur Hand, weshalb sie nicht erreicht werden konnten. Nicht nur der Frust auf seiner Seite wird größer, wenn er ein Ziel durch Fremdeinwirkung nicht erreicht, umgekehrt bietet sich ihm auch ein Bündel von Ausreden und weiteren Schuldigen, wenn er sich auf seiner Haut ausgeruht hat.

Je geringer die eigene Verantwortung für das Erreichen eines Zieles ist, desto unverbindlicher ist auch die einzufordernde Leistung! Zwei Langläufe die Woche können angeordnet und kontrolliert werden. Eine Medaille zu befehlen ist unsinnig. Das Ziel vor Augen zu haben, diese Medaille erreichen zu wollen, ist dagegen sehr wohl sinnvoll und natürlich auch attraktiv!

Je höher und personenunabhängiger das Ziel, desto niedriger der eigene Anteil, desto geringer die einzufordernde Verbindlichkeit.

Daher ist es einsichtig, warum wir beim Prinzip der minimalen Führung von einer möglichst deutlichen Trennung von Ziel und Maßnahmen ausgehen. Maßnahmen und konkrete Aufgaben sind im Gegensatz zu den Zielen zu 100 % vom Handeln des Mitarbeiters abhängig und können damit auch eingefordert werden. Hier kann es keine Ausreden geben wie »Der Mitbewerber hat halt das bessere Produkt« oder »Die Konkurrenz ist viel billiger, deshalb konnte ich nicht das Ziel erreichen«.

Unsere Empfehlung: Vereinbaren Sie verbindliche Maßnahmen! Vereinbaren Sie möglichst konkret und zeitnah die Aktionen des Mitarbeiters, nicht nur hehre Ziele. Maßnahmen können zur Dauerorientierung in der Fahrtrichtung dienen. Sie geben Halt und Korrektur, auch falls sich Maßnahmen als inadäquat oder kontraproduktiv herausstellen. Verbindlichkeit, Überprüfbarkeit und auch die reale Kontrolle beziehen sich auf die vereinbarten Maßnahmen, nicht auf die großen Ziele.

Verbindlichkeit, Verbindlichkeit, Verbindlichkeit!

Wie aber bringen wir tatsächlich Verbindlichkeit in die Vereinbarung der Aufgaben? Die Maßnahmen sind unser Weg zum Ziel. Sie werden dem Mitarbeiter nicht vorgegeben, sondern gemeinsam geplant, und es ist hier vor allem der Mitarbeiter, der sagt, wie er das Ziel erreichen will. Die Führungskraft ist in dieser Phase der Coach, der den Mitarbeiter begleitet. Und er ist derjenige, der die genaue Planung einfordert! Sie werden misstrauisch? Sie fragen sich, ob wir Ihren Mitarbeiter denn so schlecht einschätzen können?

Lehnen Sie sich zurück. Freuen Sie sich auf den Mitarbeiter, der Ihnen zeigen möchte, mit welchen Maßnahmen er das vorgegebene Ziel ansteuern will.

In gestellten Gesprächen haben wir häufig die engagierte Führungskraft erlebt, die vorgebeugt auf Ihrem Stuhl saß und angestrengt versuchte, dem Mitarbeiter den Weg zu ebnen. Dieser lehnte sich entspannt zurück und ließ die Führungskraft für sich arbeiten. Diese Umkehrung der Aufgabenstellung sollten Sie vermeiden. Wenn Sie sich anstrengen, dann mit Ihrem Mitarbeiter, nicht FÜR ihn!

Was bedeutet das für Ihre Führungsarbeit?

- Der Mitarbeiter spürt: Sie trauen ihm Selbstständigkeit zu und fordern sie ein. Die erste Wertschätzung, die ein leistungswilliger Mitarbeiter braucht, ist das Vertrauen, dass er seine Probleme selbst lösen kann.
- Die Verantwortung bleibt beim Mitarbeiter. Er hat sich für den Weg entschieden und er wird den Weg gehen. Zur Selbstständigkeit gehört es, Verantwortung für den gewählten Weg zu übernehmen.
- Sie als seine Führungskraft sind im Detail informiert. Sie kennen die Schwierigkeiten und die Anforderungen und können den Mitarbeiter mit Ihrer Aufmerksamkeit begleiten. Der Mitarbeiter weiß sich so auch in den schwierigen Phasen seiner Arbeit nicht alleingelassen.
- Sind die Maßnahmen fundiert, die Sie gemeinsam beschließen, wird der Mitarbeiter sein Ziel erreichen. Erreicht er das Ziel aber nicht, so sind die Maßnahmen zu überprüfen.

Wenn Sie diese vier Punkte beachten, wird Ihnen die gemeinsame Verantwortung auf dem gemeinsamen Weg bewusst werden. Der Mitarbeiter kann Ihnen nicht einen Weg vorwerfen, den er selbst gewählt hat. Und Sie können Ihrem Mitarbeiter nicht eine unpraktikable Strategie vorhalten, wenn Sie diese gemeinsam mit ihm vereinbart und genehmigt haben.

Ist er bei der gemeinsam vereinbarten Route trotz bester Anstrengung im Schlamm stecken geblieben, ist es die Sache von beiden, Führungskraft und Mitarbeiter, in den Matsch zu steigen und den Karren wieder flott zu machen!

Delegation entlastet

Schon im »Ich-Teil« haben wir dargestellt, dass eine Führungskraft, die alles besser kann, am Ende damit leben muss, dass sie auch besser alles selber macht. Wer nicht delegieren kann, braucht letztlich keine Mitarbeiter, sondern ist selbst sein unterster Angestellter.
Sie erinnern sich an den Vorgesetzten, der alles kontrollieren musste. Seine Angestellten begannen, die Arbeit oberflächlich zu erledigen, denn nachher wurde es ja sowieso wieder korrigiert! Und sie arbeiteten immer weniger, nicht aus Faulheit, sondern weil ihr Chef sonst mit der Kontrolle nicht nachkam.

Das mag wie eine Karikatur klingen. Wir sind mit diesem Beispiel aber nicht nur bei einem ganz realen Fall, sondern auch sehr nah an weit mehr Konstellationen, als Sie vielleicht vermuten. Unsere Ermunterung an Sie: Delegieren Sie!

Manchmal hilft der innere Satz: **»Immer wenn ich nicht delegiere, sage ich meinen Mitabeitern im Grunde – ihr würdet es leider nie so perfekt machen wie ich!«**

Wecken Sie also lieber die Aktivität, den Gestaltungswillen, die Leistungsbereitschaft Ihrer Mitarbeiter, indem Sie ihnen etwas zutrauen! Wenn Sie die entscheidenden Regeln einer gelungenen Delegation beachten, werden Sie eine echte Entlastung gegenüber Ihrem bisherigen Arbeiten erfahren. Als Belohnung winkt Ihnen Zeit für andere Aufgaben oder auch für Familie und sich selbst, für einen gelungenen Feierabend vor 19 Uhr und eine ruhige Nacht ohne Laptop auf dem Nachttisch. Mag sein, dass Sie das gar nicht wollen. Vielleicht lieben Sie es, rund um die Uhr gebraucht zu werden, für alles zuständig, stets im Dienst und unabkömmlich zu sein. Da wir nicht mit Ihnen verheiratet sind, braucht uns das nicht zu sorgen. Aber dann seien Sie so fair und geben Ihr Bedürfnis zu. Sagen Sie: »Schatz, ich bleib lieber noch im Büro!« – statt »Liebling – es tut mir ja soooo leid, aber ich habe noch viel zu tun. Ich kann leider nicht kommen!« Ihr Partner hat wahrscheinlich längst durchschaut, wie sehr Sie Ihre Arbeit und das Gefühl der dortigen Unabkömmlichkeit brauchen. Und wenn er Sie liebt, gönnt er Ihnen diese Arbeit ebenso wie Ihre Ausreden. Kann aber auch sein, dass er irgendwann feststellt, dass Sie zu Hause nicht nur selten, sondern auch entbehrlich sind. Wer mit dem eigenen Büro verheiratet ist, muss häufig feststellen, dass der Lebenspartner diese Bigamie nicht lange erträgt. Im Zweifel raten wir jedem Workaholic, sich zunächst mal auf die Treue des geliebten Computers zu verlassen und stattdessen Sorge und auch Fürsorge um die hoffentlich auch geliebten Menschen daheim zu entwickeln.

Delegation entfaltet die Fähigkeiten des Mitarbeiters

Sie werden vielleicht ein schlechtes Gewissen haben, wenn Sie bisher allein an den meistumkämpften Fronten standen, und plötzlich wollen oder sollen Sie Ihren Mitarbeitern die komplizierten Sachverhalte anvertrauen.

Kann ich das von meinen Mitarbeitern verlangen? Darf ich ihnen das zutrauen? Wird der Schuss nicht nach hinten losgehen, und am Ende habe ich doppelte Arbeit, weil sie die ganze Sache falsch anpacken?

Wenn Sie einfach eigene Arbeit anderen überstülpen, wird das sicher als echte Belastung empfunden. Da brauchen wir Ihnen nichts vorzumachen. Große Talente können auch mit solchen unabgesprochenen, allgemeinen oder nur grob skizzierten Delegationen kreativ umgehen. Echte Genies entwickeln dann ganz neue Lösungen, und Sie selbst müssen weniger um das Ergebnis bangen als um Ihren eigenen Job. Aber der normale Mitarbeiter verlangt nach einer klaren Absprache und nach einem Wachsen in Portionen.

- Demotivierend wirkt zum Beispiel eine Delegation, in welcher der Mitarbeiter nur wenig Transparenz spürt. »Ich soll da was machen und weiß gar nicht, in welche Richtung das jetzt gehen soll!« – Zeit, Klarheit und Geduld bei der Übergabe mindern Missverständnisse und spätere Nachfragen. Vermeiden Sie nicht nur im wörtlichen Sinne »irgendwie, irgendwann und irgendwo«! Seien Sie so konkret wie möglich. So verhindern Sie krasse Fehldeutungen und Fehlentwicklungen in Aufgabe und Ergebnis.

- Ob der Mitarbeiter den Auftrag verstanden hat, erfahren Sie am ehesten, wenn er diesen am Ende in seinen eigenen Worten zusammenfasst. Hören Sie genau hin. Diese aktive Internalisierung und Verbalisierung der Delegation ist ein Muss jeder gelingenden Delegation!

- Wenn ein Mitarbeiter hier nicht nur eigene Worte, sondern auch eigene Impulse und kreative Ideen einbringt, bewerten wir das grundsätzlich positiv. Überlegen Sie selbst, wie viel Kreativität und Freiheit Ihr Unternehmen und Sie selbst ertragen. Aber werten Sie eigene Ideen des Mitarbeiters nicht vorschnell ab, sondern dämpfen Sie, wenn unbedingt nötig, wohlwollend und wertschätzend.

- Bei komplexen Aufgaben ist es unbedingt nötig, die Angelegenheit am Ende schriftlich und verbindlich zu fixieren. Mangelt es an einem schriftlichen Festhalten, führt dies in der Folge unabdingbar zu verschiedenen Interpretationen, Schwerpunkten und folglich zu Missverständnissen und weiteren Kommunikationsproblemen.

- Nach erfolgter Delegation lassen Sie sich auch das Ergebnis zeigen und kommentieren Sie es möglichst differenziert. Zeigen Sie Interesse für die erbrachte Leistung. Geben Sie Feedback! Es ist demotivierend, wenn ein Mitarbeiter Ideen, Einsatz und Leistungssteigerung bringt und auch nach Wochen und Monaten nicht erfährt, ob sich sein Chef das Ergebnis überhaupt angeschaut, die Leistung wahrgenommen, die Anstrengung in irgendeiner Form honoriert hat. Loben Sie, wenn entsprechend gearbeitet wurde. Und loben Sie differenziert!

Motivation erkennen und wecken

Bei der Vereinbarung von Aufgaben und vor allem bei der Delegation ganzer Bereiche in die Kompetenz eines Mitarbeiters ist es unabdingbar, ein paar Worte über das zarte Pflänzchen der persönlichen Motivation zu verlieren. Wir gehen, wie schon anfangs betont, davon aus, dass jeder psychisch gesunde Mensch ein Interesse daran hat, Freiräume zu nutzen, Verantwortung zu tragen und sich selbst zu führen. Und sehr viele Menschen haben bis ins hohe Alter hinein ein tiefes Bedürfnis, ihre Fähigkeiten weiterzuentwickeln. Das bedeutet natürlich nicht, dass man in seiner Arbeit alleingelassen werden will. Und es bedeutet auch nicht, dass die eigenen Vorsätze und ein persönlicher Entwicklungswille schon hinreichende Bausteine zur Realisierung sind. Die meisten Menschen wissen, dass Vorsatz und adäquates Handeln nicht dasselbe sind. Viele Ernährungsberater leben schließlich zum Beispiel davon, dass Diäten nur selten gelingen und dann – dank Jojo-Effekt mit fünf Kilo mehr – im nächsten Frühjahr neu versucht werden.

Sicherlich hat mancher Leser seine Zweifel an dem, was wir Ihnen hier vorschlagen. Und natürlich werden nicht alle, die hier innerlich nicken, auch den Mut, die Kraft und Ausdauer haben, ihren eigenen Führungsstil konsequent nach dem Prinzip der minimalen Führung umzustellen.

Genauso geht es auch Ihren Mitarbeitern. Nicht jeder will alles, kann alles, sollte alles können. Bevor Sie wissen, was Sie wem zutrauen und zumuten können, empfiehlt sich eine möglichst genaue Analyse der vorliegenden Motivation und der mit einer weiteren Aufgabe neu zu weckenden Motivierung.

Wenn ein Mitarbeiter innerlich überhaupt keine Motivation zu dieser Aufgabe entwickeln kann oder darf, dann lohnt es sich auch nicht, ihn von außen zu motivieren. Falls Sie auf diesen Mitarbeiter angewiesen sind oder ihn entwickeln möchten, müssen Sie in diesem Fall zunächst an den Hindernissen für seine Motivation arbeiten. Nicht an einem Mehr an Motivierung. Dazu später mehr.

Folgendes von uns entwickeltes Modell nach Lutz von Rosenstiel kann es Ihnen erleichtern, die Motivation von Ihren Mitarbeitern besser zu verstehen und einzuordnen, um dann konstruktiv damit umzugehen:

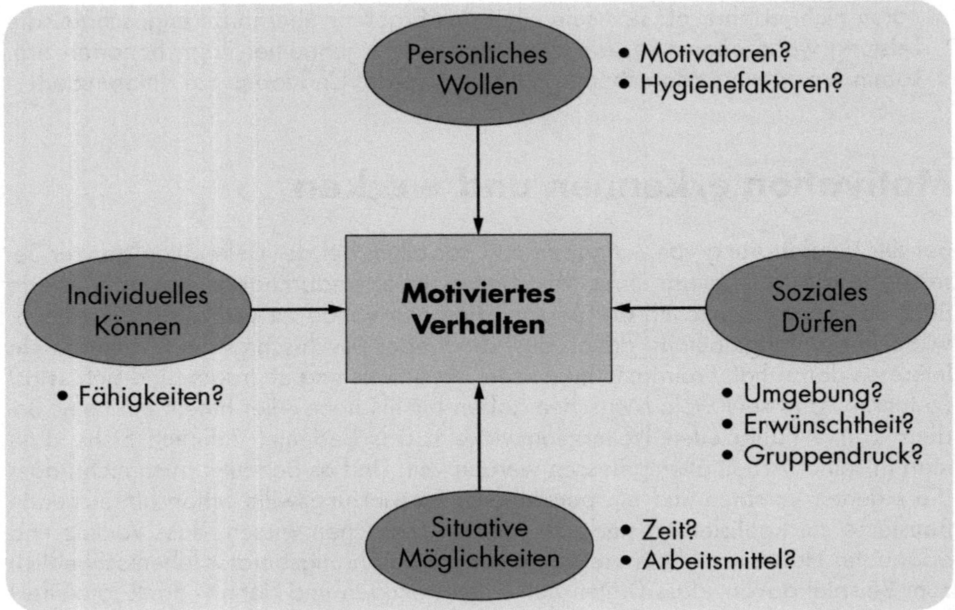

Um das Schaubild zu erläutern, nehmen wir an, Sie haben einen neuen Mitarbeiter in Ihrer IT-Abteilung aufgenommen. Er ist in der Einarbeitungsphase. Jetzt kann es für Sie als Führungskraft hilfreich sein, Informationen nach den vier dargestellten Bereichen über seine Motivation zu erhalten. Wahrscheinlich haben Sie z. B. sein **persönliches Wollen** bereits im Einstellungsgespräch mit der Frage nach seinen Zielen geklärt und als Antwort vielleicht erfahren, dass er einmal IT-Leiter werden möchte. Damit wissen Sie, dass Entwicklungsbereitschaft vorliegt. Sie können diese gezielt schon in der Anfangsphase in der Führung nutzen. Eine geschickte Führungskraft würde bei zu übertragenden Aufgaben auch mehr die damit verbundenen Entwicklungsmöglichkeiten betonen.

Sie können in der weiteren Einarbeitungsphase auch klären, wie er selbst sein **individuelles Können** einschätzt. So merken Sie rasch, ob Sie jemanden eingestellt haben, der seine Fähigkeiten unter- oder überschätzt oder vielleicht sogar über eine sehr realistische Selbsteinschätzung verfügt..

Wer sich als Neuer überschätzt, neigt leichter dazu, bei Misserfolgen oder Kritik mit Demotivation zu reagieren. Wenn sich jemand unterschätzt, tritt manchmal das Phänomen auf, dass sich ein Mitarbeiter durch eine neue Aufgabe überfordert sieht: »Das schaffe ich nicht«. Je nachdem werden Sie in der Führung und Aufgabenwahl unterschiedlich agieren müssen.

Es kann auch sehr hilfreich sein, zu erfahren, welches Umfeld – also sein **soziales Dürfen** – für den IT-Mitarbeiter eine Rolle spielt. Arbeitet er gerne allein? Oder ist ihm ein Team wichtig? Oder ist ihm ein Team so wichtig, dass er eine Führungsrolle in einem Team gar nicht wahrnehmen wollte, aus Angst, seine Teamkollegen damit zu verlieren? Oder spielt sein privates Umfeld eine wichtigere Rolle als das berufliche? Dann werden Sie darauf achten müssen, dass Sie auch das Privatleben in Ihrem Fokus haben. Letztlich kann es sein, dass Sie zwar einen neuen IT-Mitarbeiter eingestellt haben, der mit seinem Umfeld zufrieden sein will, kann und ist. Was aber, wenn ihm seine Arbeitsmittel, sprich: seine **situativen Möglichkeiten** am wichtigsten sind und Sie ihn im Unternehmen mit einem ausrangierten Laptop beglücken, der ihn täglich verärgert und alles an Motivation vernichtet? Für einige Mitarbeiter sind Geldmittel der wichtigste Anreiz, wieder anderen ist ein teures Auto oder ein neues Notebook als Statussymbol wichtig.

Wenn Sie wissen, was dem Mitarbeiter wirklich am Herzen liegt, können Sie ihn als neuen Mitarbeiter einschätzen und klare Motivationsanreize schaffen. Und diese sind sehr hilfreich in Ihrer Führungsarbeit, nicht nur bei neuen Mitarbeitern, sondern auch bei jenen, die Sie schon lange zu kennen glauben.

Motivation ist kein Mythos

Nicht jeder Mitarbeiter ist gleich. Noch weniger ist jeder Mitarbeiter über das Gleiche und für das Gleiche motivierbar! Es ist sinnvoll, sich anhand der Ihnen zugänglichen Informationen ein Bild davon zu machen, wie es um die persönliche Motivation Ihres Mitarbeiters gestellt ist bzw. gestellt sein kann. Will er selbst? Darf er wollen? Und ist die Situation so, dass er wollen kann? Das sind die Fragen, die Sie neben der grundsätzlichen Frage nach der Befähigung, Ausbildung, intellektuellen Möglichkeiten etc. stellen müssen. Eine eher gemütliche Person mit innerer Ruhe, aber eben auch großem Phlegma kann sich auch nach einer schwierigen, komplexen Herausforderung sehnen und dafür wie geschaffen sein. Manche sehr verschachtelten Prozesse können am besten in Gelassenheit, mit stoischer Ruhe überblickt und durchschaut werden. Aber eine stressige Position, in der man es lieben muss, auf drei Telefonleitungen zu reden, während man mit der freien Hand die nötigen Unterschriften leistet, ist für diesen Mitarbeiter nicht attraktiv. Und der junge Familienvater wird sich, bei aller intellektuellen Eignung, wahrscheinlich nicht um die Außenhandelsvertretung in China reißen. Gerade der sozialere Ihrer beiden Stellvertreter könnte berechtigte Skrupel haben, am befreundeten älteren Kollegen vorbei zu dessen Vorgesetzten befördert zu werden. Wir wollen diese grundsätzlichen Überlegungen mit einigen Erfahrungen aus unserer Praxis anreichern.

Persönliches Wollen

Bei dem persönlichen Wollen unterscheiden wir grundsätzlich zwei Anreize:

- Hygienefaktoren (Geld, Titel, Dienstwagen etc.)
- Motivatoren, d. h. hier die Befriedigung der inneren Lebensmotive

Es gibt Mitarbeiter, die sich scheinbar gar nicht entwickeln möchten. Sie sind zufrieden mit dem, was und wie sie es tun. Man könnte denken, einen solchen Mitarbeiter werden Sie darum schwerlich über das persönliche Wollen motivieren können.

In einem österreichischen Produktionsunternehmen haben wir im Zuge einer Organisationsentwicklung auch Gespräche mit einigen Schichtarbeitern geführt. Ein Mitarbeiter aus Slowenien war trotz Studium der Verfahrenstechnik seit vier Jahren an immer der gleichen Maschine. Er äußerte sich wie folgt: »Ich bin sehr glücklich mit dieser Schichtarbeit. Meine Hände machen ihre Arbeit von selbst, ohne dass ich darüber nachdenken muss. So kann ich während der Arbeit meine Freizeit- und Familienplanung für den Abend oder das Wochenende machen, ohne dass meine Leistung leidet.« Auf unsere Frage, ob er nicht gerne mehr Verantwortung übernehmen wolle, lachte er nur und meinte: »Ich kann mit meinem Gehalt meine Familie ernähren und habe meinen Kopf nach der Arbeit nicht mit Firmengedanken voll. Wozu sollte eine Veränderung gut sein?«

In diesen Sätzen erfahren wir schon eine Menge über die Motivatoren dieses Mitarbeiters: Familie; Ordnung und Struktur. Wir erfahren auch etwas darüber, welche Motive er nicht hat: Status, Macht und Einfluss. In diesem Fall wäre es demnach kontraproduktiv, bei einem angestrebten Zuwachs an Arbeit oder Verantwortung mit der Bemerkung zu kommen: »Wenn Sie diese Aufgaben gut lösen, werden Sie für einen größeren Bereich verantwortlich sein!« Dieser Mitarbeiter will keinen Verantwortungs- und Entfaltungszuwachs. Er will Raum für seine Familie und für das Leben neben dem Beruf. Diese Motive bewegen ihn. Ergo sollte die Führungskraft schauen, inwiefern sie diese Motive bedienen kann. Etwa, indem Sie die Zahl der Urlaubstage erhöhen, wenn er größere Verantwortung übernimmt und gleichzeitig auf eine Dosis achten, die sein Bedürfnis nach wirklichem, auch seelischen Feierabend nicht überstrapaziert.

Haben Sie dagegen einen Mitarbeiter, der auch beruflich persönliche Ziele hat und eine Höherentwicklung anstrebt, kann ein Zuwachs an Aufgaben und Verantwortung ein großer motivierender Ansporn sein. Größerer Gestaltungs- und Entfaltungsraum kann Menschen belasten oder beglücken. Sie sollten sich immer die Mühe machen, die vorhandenen unterschiedlichen Motivatoren der Menschen in Dialogen zu erfragen.

Die weichen Faktoren des persönlichen Wollens sind die Motivatoren. Auf diese weichen Faktoren kann ich immer als Führungskraft im Dialog eingehen. Selbst wenn ich Sie nicht bedienen kann, macht es Sinn, diese zu benennen. Wenn ich zum Beispiel dem oben beschriebenen Mitarbeiter sagen muss, dass er länger arbeiten muss, macht es Sinn, dies so zu tun: »Ich weiß, wie wichtig es Ihnen ist, abends bei Ihrer Familie zu sein. Heute brauche ich Sie aber einmal länger hier und bitte Sie …« Wenn ich als Chef zeige, dass ich die Motivatoren kenne und darauf eingehen kann, wirkt sich dies langfristig auf die Beziehung, auf die Leistung und auch positiv auf die Gesundheit des Mitarbeiters aus.

Die harten Faktoren des persönlichen Wollens sind die sogenannten Hygienefaktoren. Natürlich arbeiten wir für Geld und es ist auch schön, wenn wir eine Gehaltserhöhung erhalten – einige von uns legen auch Wert auf einen Titel auf der Visitenkarte oder freuen sich über einen Parkplatz in der Tiefgarage.

Mitarbeiterbindung wird durch hohe Gehälter und soziale Leistungen des Unternehmens langfristig gefördert, Motivation jedoch leider nicht nachhaltig. Hygienefaktoren wirken nachgewiesener Weise nur kurzfristig auf die Arbeitsmotivation. Die langfristige starke Einwirkung auf die Mitarbeiterbindung kann in manchen Unternehmen schon problematisch sein. So erklärt sich auch, dass Abteilungen in Unternehmen mit hohen sozialen Nebenleistungen oder hoher Sicherheit zum Teil jahrelang demotivierte Mitarbeiter beschäftigen, die das Unternehmen oder den Beruf gerne wechseln würden, aufgrund dieser Leistungen das Unternehmen jedoch doch nicht verlassen werden. Dies kann zu einem langfristigen Kostenproblem für Unternehmen werden.

Ein neuer Ausdruck in engem Zusammenhang mit Motivation macht die Runde – »Volition« – die Entschlossenheit, Ziele in die Tat umzusetzen. Diese Entschlossenheit hängt nicht nur am persönlichen Wünschen und Wollen. Auch das soziale Umfeld ist hier ein wesentliches Kriterium.

Soziales Dürfen

Natürlich kann es sein, dass ein Mitarbeiter sich weiterentwickeln kann, also persönlich den Willen hat, z. B. mehr Verantwortung zu übernehmen. Aber es kann gleichzeitig sein, dass das soziale Dürfen diesem Streben entgegensteht.

Vielleicht haben Sie ein gut eingespieltes Mitarbeiterteam, und Sie fragen freundlich wohlwollend, wer denn hier Lust hätte, mehr Verantwortung und damit auch die Führung der Gruppe zu übernehmen. Und nun wundern Sie sich, denn es meldet sich kein einziger.

Hier kann es sein, dass einige Mitarbeiter gerne leiten möchten, aber Angst haben, die Gruppe als Hort der Kameradschaft im Falle eines Aufstiegs zu verlieren. Er oder sie würden sich vom Team abheben. Jeder hat Angst, dass das Team sauer und ablehnend reagiert. »Wir haben alle zusammen gearbeitet und alles gemeinsam beschlossen – und jetzt willst du hier den Chef spielen?«

Der Chef eines kleinen Unternehmens klagte uns, seit er in jeder Arbeitsgruppe einen Vorgesetzten ernannt habe, sei ausgerechnet in seinem vormals kollegialsten Team die Hölle los. Sogar die jahrelange Freundschaft zwischen dem jetzigen Leiter und einigen Teammitgliedern habe der neuen Situation nicht standgehalten, nachdem er diesen beauftragt hatte, die inoffiziellen Pausen zu minimieren.

Vielleicht sitzt bei Ihrem Wunschmitarbeiter aber auch zu Hause ein Partner mit zwei, drei kleineren Kindern, der schon deutlich signalisiert hat, dass das jetzige Maß an Arbeitszeit und Verantwortung im Grenzbereich des Akzeptierbaren liegt. »Die Kinder haben dich die ganze Woche nicht gesehen. Und ich bin wirklich froh, dass unser Nachbar so hilfsbereit ist und mir die Einkommensteuer erklärt. Er geht morgen auch mit uns zusammen in den Zoo. Da komm ich dann mal raus und kann mich mit einem Erwachsenen in Ruhe unterhalten. Du bist ja jeden Abend so müde!« Wenn diesem Mitarbeiter noch etwas an seinem Privatleben liegt, wird ihm bewusst sein, dass Mehrarbeit und ein sich noch länger hinauszögernder Feierabend familiär bittere Konsequenzen haben könnten.

Bei einem anderen wartet niemand, oder der Partner erhofft sich gar eine berufliche Karriere und ist bereit, auf gemeinsame Zeit zu verzichten und das Aufstreben zu unterstützen. Vielleicht können Sie noch mit einem finanziellen Anreiz locken, und das trifft sich gut mit dem fälligen Kredit für die neue Wohnung.

Berücksichtigen Sie bei Ihrer Aufgabenverteilung die Motivation Ihrer Mitarbeiter in und – soweit bekannt – auch außerhalb Ihrer Firma.

Arbeitsmittel

Berücksichtigen Sie außerdem, ob die Arbeitsmittel vorhanden sind. Wir kennen einen Mitarbeiter, der hochmotiviert in ein Unternehmen einstieg, um eine Marktanalyse zu machen. Aber erst hatte er kein eigenes Büro. Dann brachte es die IT-Abteilung der Firma über drei Wochen nicht fertig, seinen PC online zu schalten und gleichzeitig einen Zugang zum Firmennetz herzustellen. Können Sie sich vorstellen, was das für die Motivation – aber auch für die Identifikation des Mitarbeiters mit seiner neuen Firma – bedeutete?

In einem Chemielabor waren wochenlang durch einen Defekt in der Klimaanlage die Temperaturen nicht einstellbar, unter denen ein neu gegründetes Team die angeordneten vergleichbaren Messungen hätte vornehmen können.

Wenn Sie einen Auftrag erteilen, achten Sie darauf, dass die Arbeitsmittel vorhanden sind! Die situativen, aber z. B. auch die pekuniären Möglichkeiten müssen so sein, dass Ihr Mitarbeiter eine reelle Chance hat, den Auftrag in der gegebenen Zeit zu erfüllen.

Individuelles Können

Wir alle wissen, dass es wichtig ist, Aufgaben stufengerecht zu delegieren. Wenn jemand der Aufgabe nicht gewachsen ist, führt das stets zu deutlichem Motivationsverlust. Unter Umständen sogar zu Verzweiflung und Krankheit.

Hier ist es wichtig abzuklären, was der andere sich zutraut. Sie können ermutigen. Sie können auch fordern. Aber überfordern Sie bitte nicht.

Hören Sie genau zu, wie der Mitarbeiter sich selbst einschätzt. Es gibt Kollegen, die sich maßlos über- oder unterschätzen. Aber meistens gibt das Selbstbild einen guten Anhaltspunkt. Trauen Sie dem Schüchternen dann ruhig ein kleines bisschen mehr zu. Und bremsen Sie den Übermütigen, indem Sie eine angeblich kleine Aufgabe streng korrigieren.

Im Normalfall lohnt es sich, der Selbsteinschätzung des Mitarbeiters mehr zu trauen als der manchmal voreiligen eigenen Bewertung. Wenn Sie dennoch einen zu bescheidenen Mitarbeiter ermutigen und ihm zu einem Erfolg, zu Entwicklung und Anerkennung verhelfen, wird Ihnen dies mit hoher Motivation und breit gefächertem Einsatzwillen gedankt.

Bei Beachtung dieser vier Einflussfaktoren ist Motivation kein schwer zu greifender Mythos mehr. Hier können Sie Motivation sehr differenziert und realistisch einschätzen und entwickeln.

Wenn es Felder gibt, wo Sie momentan nichts eintragen können, wissen Sie vielleicht bei dem konkreten Mitarbeiter noch zu wenig über seine Motivation. Hier kann es ein Entwicklungsschritt sein, mehr Informationen einzuholen, um noch leere Felder zu füllen. (Versuchen Sie, z. B. in künftigen Gesprächen, auch diese noch fehlenden Bereiche kennenzulernen.) Somit entgehen Sie auch der Gefahr, Mitarbeiter selektiv wahrzunehmen, und lernen viel über ihre persönliche Motivation. Das wird Ihnen die Führungsarbeit wesentlich erleichtern.

Oder Sie wissen jetzt, dass einem Mitarbeiter ein Bereich sehr wichtig ist. Nun können Sie ihn gezielt motivieren und Anreize schaffen.

Übung 8 für Ihre Führungspraxis

Schätzen Sie ein, wie gut Sie Ihre Mitarbeiter bereits kennen:

Name	Wollen?	Können?	Mittel?	Umfeld?	Was kann ich daraus ableiten?
	Welche Motivatoren? Was reizt ihn? Was nicht?	Wie schätzt er sein individuelles Können ein?	Welche Arbeitsmittel sind ihm/ihr wichtig?	Welche Relevanz haben für ihn sein berufliches und privates Umfeld?	Welche Entwicklungsschritte möchte ich setzen?
1.					
2.					
3.					
...					

Regeln für eine gelungene Delegation

In gut eingespielten Lebensgemeinschaften hört man häufig den Spruch: »Das macht die Chefin!« oder »Warten Sie bitte, bis mein Mann wiederkommt!« Manchmal genügt andererseits ein »Mach du mal weiter!«, und der Partner übernimmt das Kochen, das Füttern des Babys und die Hausaufgabenbetreuung des Großen, während der andere zum Telefon eilt.

Solche nicht ausformulierten Delegationen sind im Berufsleben auch möglich. Jeder Arzt muss damit rechnen können, dass die Krankenschwester beim Wort »Tupfer« nicht eine Diskussion über angemessene Größe, Farbe und Qualität des angeforderten Gegenstands beginnt. Und dass bis zur nächsten Operation wieder gereinigte und sterile Instrumente zur Verfügung stehen. Gerade im Bereich der Krankenhaushygiene lässt sich die Notwendigkeit und Differenziertheit einer guten Delegation ablesen.

Der Auftrag des OP-Reinigungsteams ist klar und verständlich. Es geht z. B. nicht darum, den Raum nachher irgendwie zu putzen, sondern es gibt klare Vorgaben für eine gründliche und den nächsten Patienten nicht gefährdende Sterilisation der benutzten Gegenstände.

Delegationsregeln für Ihre Führungspraxis:

- Der Auftrag ist klar und eindeutig.
- Es ist klargestellt, dass die betroffenen Mitarbeiter den Auftrag verstehen können und verstanden haben.
- Sie haben hinreichend Zeit, die nötige Qualifikation, Ausbildung und das nötige Material, um den Auftrag auszuführen.
- Falls das nicht der Fall ist, wird die Delegation zurückgenommen oder für notwendige Unterstützung gesorgt.
- Die Aufgabe ist kontrollierbar. Überprüfungen finden statt.

Nun werden Sie sagen, irgendwie ist das bei Ihnen im Betrieb aber nicht so konkret möglich wie z. B. in einer Klinik.

Sie haben recht! Viele Delegationen laufen in einem weit größeren und komplexeren Rahmen ab. Hier geben Sie dem Mitarbeiter mehr Freiheiten. Und um Erfolg versprechend zu sein, müssen Sie dem Mitarbeiter sogar mehr Freiheiten geben.

Aber auch hier sollten Sie »Irgendwies« soweit möglich meiden.

»Ich habe keine Zeit«

Wenn Sie eine Aufgabe delegieren möchten, lautet die häufigste Antwort der Mitarbeiter: »Ich weiß nicht, wie ich das schaffen soll ...«. Damit schützt sich der Mitarbeiter nicht nur vor einer möglichen Überforderung. Er weist auch darauf hin, dass er sein Arbeitspensum in der ganzen zur Verfügung stehenden Arbeitszeit erledigt hat.

Sollte Ihnen nicht das Gegenteil bekannt sein, dann sollten Sie Ihrem Mitarbeiter zunächst glauben und die bisher geleistete Arbeit honorieren statt kleinzureden.

Wir machen die Erfahrung, dass Führungskräfte gerade denjenigen Mitarbeitern mehr Aufgaben delegieren, von denen Sie wissen, dass Qualität und Zeitrahmen der Aufgabenerledigung stimmen. Das führt oft dazu, dass fleißige Mitarbeiter mehr Aufgaben bekommen, manchmal sogar mit Aufgaben regelrecht zugeschüttet werden.

Dann ist es verständlich, wenn der betroffene Mitarbeiter eine neue Aufgabe mit »ich habe aber gar keine Zeit« abzulehnen versucht. Andere Mitarbeiter wiederum gehen nicht nur überpünktlich nach Hause, sondern entwickeln sich auch in ihrer Tätigkeit nicht weiter.

Was wir Ihnen raten, ist, sich mit diesem Argument vertiefend auseinanderzusetzen. Was heißt es konkret, keine Zeit zu haben? Nehmen Sie sich hier die Zeit für eine Analyse. Das kann Ihnen nicht nur wertvolle Aufschlüsse über die momentanen Aufgaben ihres Mitarbeiters geben. Es hilft Ihnen auch, anschließend gemeinsam mit dem Mitarbeiter näher anzusehen, was er mit welchem Zeitaufwand plant und in welcher Reihenfolge erledigt. Erstaunlicherweise haben wir hier oft erlebt, dass die Prioritäten der Vorgesetzten sich nicht mit den Prioritäten des Mitarbeiters decken. Sie haben dann die Chance, diese neu zu definieren und zum Beispiel eine weniger wichtige Aufgabe zu verschieben. Damit findet die neue Aufgabe, für die zuerst keine Ressourcen vorhanden waren, ihren zeitlichen Rahmen. Wenn sie mehrere Mitarbeiter führen, schafft dies auch die Chance, eine andere Aufgabe, welche den Mitarbeiter zeitlich bindet, von ihm abzuziehen und einem anderen Mitarbeiter Ihres Teams zu übertragen. In jedem Fall bekommen sie einen hervorragenden Überblick über die Planungsstrategien und die Auslastung Ihrer Mitarbeiter.

Prozesse managen beim Mitarbeiter

In der Mitarbeiterführung geht es wie in der Selbstführung um ein gelassenes und reflektiertes Managen von Prozessen.

Sollen diese glücken und zu einem guten Gelingen, einer deutlichen Ergebnisverbesserung führen, ist dies nicht innerhalb der bisherigen Komfortzone zu erreichen. Nicht nur Sie, auch Ihr Mitarbeiter wird die bisherige Komfortzone verlassen müssen, um sich den erhöhten Anforderungen, den veränderten Aufgaben und den gestrafften Prozessen stellen zu können. Solange beide Seiten zufrieden und bequem in der eingeübten – und eingefahrenen – Situation verharren, werden Sie keine Veränderung erreichen. Vielleicht können Sie sich an eine Familienfeier erinnern, auf der behäbig während des Kaffeetrinkens und bei einigen Stückchen schwerer Torte darüber gesprochen wurde, wie schön jetzt ein wenig Bewegung wäre. Wenn nicht einer wirklich aufsteht, den Kuchen wegräumt und den Mantel anzieht, können sich solche »Bewegung-wäre-besser!«-Gespräche übergangslos und mühelos bis ins Abendessen dehnen. Und – allem Reden zum Trotz – sind sich viele Mitarbeiter scheinbar gar nicht so sicher, dass Bewegung nicht nur in der Theorie die gesündere Art des Lebens verheißt.

Warum aber, so müssen wir fragen, sollten Ihre Mitarbeiter an die frische Luft gehen, solange ihr Vorgesetzter vor dem vollen Kuchenteller sitzt. Der Manager, nicht der Mitarbeiter ist derjenige, der verantwortlich für eine Verbesserung der Ergebnisorientierung ist. Sie müssen – minimaler geht Führung nun mal einfach nicht – selbst bereit sein, Ihre eigene Komfortzone zu verlassen. Und es sollte Ihnen dann auch noch gelingen, den Mitarbeiter in die notwendige Bewegung einzustimmen!

Die Prozesse, die Sie dabei managen müssen, sind nicht immer klar und linear. Manchmal ordnen sich Fragen und Aufgaben sehr verzwickt, ja sogar widersprüchlich. Das sollten Sie akzeptieren, denn Reibungen, Differenzen, ja sogar Dissonanzen gehören nun mal zur Realität eines jeden, erst recht eines Managers.

Schon im privaten Alltag werden Sie konkurrierenden oder sogar einander ausschließenden Interessen gegenübertreten, in denen Sie bewerten, abwägen, entscheiden und gegebenenfalls auch enttäuschen müssen.

Sie würden vielleicht am Feierabend einfach gern in Ruhe Zeitung lesen, im Internet surfen, spielen oder fernsehen. Auch wenn Sie aus der Firma dann doch noch Arbeit mitgenommen haben, um sich in eine Terminsache besser einzuarbeiten. Ihr Partner möchte Sie unbedingt auf eine Feier mitnehmen, und Ihr Kind weiß ganz genau, dass der versprochene Kinofilm nur noch diese Woche im Programm ist. Und weil der Tag es wirklich gut mit Ihnen meint, ruft Ihre Mutter an und beschwert sich, dass Sie nun schon einen Monat nicht vorbeigeschaut haben.

Nur der unsägliche Tyrann kann relativ ungestraft »Ach, lasst mir doch meine Ruhe!« rufen und die Türe hinter sich zuknallen. Da wir davon ausgehen, dass auch Sie gelegentlich Ihren Partner als Begleitung auf ein Fest wünschen, ein dem Kind gegebenes Versprechen halten und relativen Frieden mit den eigenen Eltern haben möchten, empfehlen wir ein privates »minimales« Prozessmanagement.

An welchem der nächsten Abende geht es verbindlich mit dem Kind ins Kino? Vielleicht mag und kann die Oma/Mutter sogar mitkommen? Wann und wie kann und möchte ich diesen Kontakt gestalten? Will ich einen baldigen Termin ausmachen und mich verpflichten? Und ist mein Partner damit einverstanden, dass ich mitkomme und wir dafür spätestens gegen 23 Uhr wieder auf dem Heimweg sind?

Sie sollten Prozesse ergebnisorientiert managen und den Aufwand minimal halten. Und Sie sollten auch in die Prozesse Ihrer Mitarbeiter korrigierend eingreifen, wenn diese nicht ergebnisorientiert verlaufen.

Zentrale Fragen für das Managen von Prozessen in ihrer Führungspraxis:

- Was gilt es in welchem Zeitraum zu verändern oder umzusetzen?
- Wer ist dafür qualifiziert?
- Wie schätze ich die Motivation der/des Betroffenen ein?
- Welche Anreize kann ich schaffen?
- Wie kann ich unterschiedliche Interessen bestmöglich vereinen?
- Wann und auf welche Weise kommuniziere ich eine Aufgabe oder Veränderung?
- Welche Fragen kann ich stellen, dass der Gesprächspartner sich vertieft gedanklich mit dem Prozess einer Veränderung oder der Aufgabe auseinandersetzt?
- Wie stelle ich sicher, dass am Ende Klarheit und Verbindlichkeit besteht?

Da gibt es den Mitarbeiter, der jede Arbeit unterbricht, wenn ihm der Klingelton des Computers eine neue E-Mail verheißt. Diese wird erst gelesen, bearbeitet, beantwortet usw., und dann kehrt er in seinen Arbeitsplan zurück – falls nicht ein neues Klingelzeichen seine Neugierde auf weitere Mails lenkt. Hier müssen Sie regulierend eingreifen, wenn der Mitarbeiter es nicht selbst erreicht, die Zeitfresser zu minimieren. Und hier sollten Sie zu einer realistischen Einschätzung kommen, wie oft am Tag in Ihrem Unternehmen auf dieser Position ein Durcharbeiten des E-Mail-Ordners sinnvoll und notwendig ist. Und ob intensive Planung möglich ist, wenn gleichzeitig auf betriebsinternen – oder auch -externen Kanälen gechattet wird.

Oder Mitarbeiter sitzen tagelang an einem kleineren Projekt, weil sie lieber in einer Woche eine perfekte Lösung als an einem Tag eine 99-prozentige abgeben wollen. Natürlich sollte das Flugzeug in der Wartung zu 100 % in Ordnung sein. Bei der Gartenpflege ist es aber sicher effektiver, sieben Hektar zu 85 % unkrautfrei zu arbeiten, als auf einem Hektar die 100 % erreichen zu wollen.

Wenn Sie ein schludriges Ingenieursteam am Spaceshuttle leiten, sollten Sie Perfektion unbedingt anstreben, den kleinlichen Perfektionisten in der Baumschule sollten Sie jedoch verdeutlichen, dass nicht nur Qualität, sondern auch Quantität im Ergebnis zählt.

Wir kennen Mitarbeiter, die sich vor den schwierigen Aufgaben gerne drücken und morgens erst mal den ganzen Kleinkram erledigen, um den Kopf – und den Schreibtisch – dann für »das Eigentliche« frei zu haben. Manche arbeiten arbeiten mit dieser Regel gut und effektiv. Andere benutzen die Aktivphase Ihres Biorhythmus für die Nebensächlichkeiten und sind gegen Nachmittag schon viel zu erschöpft, um mit dem Wichtigsten und Schwierigsten überhaupt noch beginnen zu können. Das schieben sie dann eben auf morgen – nach dem bis dahin angefallenen Kleinkram natürlich!

Es wäre der Idealzustand, wenn wir von Mitarbeitern umgeben wären, die gerne bereit sind, ihre Komfortzone zu verlassen, neue Aufgaben bereitwillig zu übernehmen und Veränderungen in ihrem Tätigkeitsbereich mit Freuden entgegenzusehen. Die Realität, die wir in Unternehmen erleben, zeigt ein anderes Bild. Der Alltag zeigt, dass viele Menschen Veränderungen und neuen Herausforderungen eher skeptisch gegenüberstehen. »Wir haben das doch bis jetzt immer so gemacht!« ist der klassische Satz, den Mitarbeiter gerne hören lassen. Hier sind Sie als Führungskraft gefordert, Prozesse immer wieder von neuem anzustoßen und zu managen, um der Ergebnisorientierung gerecht zu werden.

Vorsicht bei Delegationen, die Einwände ausschließen

Ebenso gefährlich wie »Irgendwies« bei einer Delegation sind implizite, zunächst positiv gemeinte Unterstellungen, gegen die sich der Angesprochene nicht oder schlecht wehren kann. Eine uns bekannte Abteilungsleiterin verschwand mit den

Worten »Du schaffst das schon!« in den Urlaub. Zurück blieb ihr Stellvertreter, der sich gegen diese Floskel und das darin ausgesprochene Vertrauen nicht spontan wehren konnte. – Er schaffte es nicht! Der Urlaub endete für die Abteilung im mittleren Desaster. Zurück kam eine Leiterin, die sich im Coaching massiv über den unfähigen Stellvertreter beschwerte.

Im Laufe der folgenden Gespräche stellte sich dann heraus, dass sie in ihrer Mitarbeiterführung generell zur Überforderung neigt. »Ich wurde ins kalte Wasser geschmissen und musste schwimmen. Das sollten meine Mitarbeiter auch können!« Ihre eigene Geschichte bildete die Basis ihres Leitungsstils – und das ist grundsätzlich erstens nicht zu ändern und zweitens nicht zu werten. Problematisch wird hier die mangelnde Reflektion und Variabilität im Umgangsstil mit anderen. Dass sie selbst ins »kalte Wasser« geworfen wurde und es trotzdem oder gerade deshalb geschafft hatte, eine leistungsstarke Persönlichkeit zu entwickeln, bedeutet schließlich nicht, dass die Menschen in ihrer Umgebung den gleichen Charakterzug haben müssen, die gleichen Fähigkeiten entwickeln können. Diese Frau musste lernen, geduldiger mit ihrem Stellvertreter zu sein. Ihn eher zu Fragen zu ermutigen, als ihm zu suggerieren, dass er keine Fragen haben sollte.

Umgekehrt müssen manche Führungskräfte, die selbst gerne Unterstützung und Begleitung suchen, Zurückhaltung lernen, wenn Mitarbeiter lieber eigenverantwortlich tätig sind. »Möchten Sie hier weitere Unterstützung?«, ist dann eine Frage, mit der offen umgegangen werden kann. »Ich mach' das mit Ihnen!«, duldet dagegen kaum den Widerspruch des Mitarbeiters.

Hier ist aufmerksame Selbstwahrnehmung gefragt. Oder anders gesagt: Was Hans als »Hänschen« gelernt hat, muss für Tinas «Tinchen« nicht richtig sein!

Wichtig: zeitnahe Feedbacks

Im beruflichen Alltag sind gerade die kleinen zeitnahen Feedbacks von großer Bedeutung für die Mitarbeiterführung und für die angestrebten Ergebnisse.

Wenn Sie mitbekommen, dass alles gut läuft, ist auch außerhalb der geplanten Mitarbeitergespräche ein gelegentliches, kurzes und positives Feedback hilfreich. Fördern Sie zusätzlich, dass Feedback im Team untereinander gegeben wird – schließlich möchten Sie die Transparenz im Team nutzen und es sollte Freude machen, wenn jeder jedem Feedback geben kann – sprich: es sollte keine Kultur der Angst bestehen.

Je konkreter Sie und Kollegen Feedback geben, desto besser. Sie können sogar zwischen »Tür und Angel« dem Mitarbeiter situationsangepasst ein knappes Feedback zum aktuellen Stand der gemeinsamen Arbeit oder der eigenen Entwicklung geben.

Wenn der Prozess kompliziert ist, sollten Sie sich zusätzlich die Zeit für regelmäßige Statusgespräche gönnen. Sonst fällt das Kind in den Brunnen, an dem es täglich spielt, während Sie es in der Schule vermuten.

Ob wöchentlich, monatlich oder vierteljährlich Statusgespräche nötig sind, hängt an der Komplexität des Prozesses und auch an der nötigen Flexibilität, mit der die Aufgabe formuliert werden musste. Vielleicht erweist sich der beschriebene Arbeitsauftrag schon nach kurzer Zeit als ineffektiv, um das erstrebte Ergebnis zu erreichen. Die Kunden reagieren genervt und ablehnend auf die vereinbarte Werbestrategie, das gelieferte Material erweist sich als unbrauchbar für das neu entwickelte Modell, usw. Bleiben Sie nah dran am Mitarbeiter, ohne ihm dabei zu sehr auf die Pelle zu rücken. Zeigen Sie sich interessiert, nicht primär kontrollierend. Und eher gelassen und dialogisch, als autoritär bestimmend. Ein Mitarbeiter, der sich geachtet und wertgeschätzt weiß, ist dieses Geschätzt-Werden zumeist auch wert! Denn durch die Achtung und das Vertrauen, das er empfängt, geht er angstfreier und aufmerksamer mit seinen Aufgaben um.

Bewertungen sind konkret und eindeutig

Wenn Sie dem Mitarbeiter etwas sagen wollen, sagen Sie es eindeutig und bleiben Sie konkret.

»Gut gemacht!« oder »Weiter so!« sind keine griffigen Feedbacks. Was war gut, kann sich der Mitarbeiter hier fragen. Mein innovativer Vorschlag, die Repräsentation desselben oder dass ich nicht widersprochen habe, als meine Kollegen wesentliche Teile daran veränderten …?! »Weiter so!« streichelt, aber es ist sättigend. Es drückt Bewegung aus, bewirkt aber Stillstand. Denn es wird verstanden als: »Du musst nichts mehr ändern – Leistungssteigerung nicht nötig …« Bewegung kommt erst durch eine mögliche Konkretisierung hinein. »Ja, wenn Sie weiter so hart trainieren, können Sie noch stärker werden!«

Ihr Auftrag heißt nicht Stillstand und Zufriedenheit. Wie bereits im »Ich-Teil« dargestellt, ist Ihr Auftrag an den Ergebnissen und deren beständiger Optimierung ausgerichtet. Deswegen sollen und müssen Sie an einer effektiven Leistungssteigerung und an einer an den Ergebnissen ausgerichteten Veränderbarkeit Ihrer Arbeit interessiert sein. Und auch an der Effektivität, Flexibilität und Leistungssteigerung Ihrer Mitarbeiter.

Ein konkretes Feedback, das den anderen lobt, eindeutig ist und dennoch Raum zum Weiterwachsen lässt, klingt etwa so: »Bei Ihrer Präsentation bin ich richtig aufgewacht. Das war verständlich, einleuchtend – und außerdem war es ein Vergnügen, Ihnen zuzuhören. Sie haben auch mit Ihrer Körpersprache und Gestik die Zuhörer eingebunden!« Hier kann der Vorgesetzte sicher sein, dass auch weitere Präsentationen mit Blick auf Verständnis, Stringenz und Humor gelingen werden. Sogar ein kritischer Nebensatz »Es wäre für die anwesenden Nichtfachleute vielleicht noch gut gewesen, Thesenpapiere zu reichen und alle Fachausdrücke zu übersetzen!«, kann – bitte ohne »Aber!« – angefügt werden, ohne dass der Mitarbeiter grollt. Er weiß jetzt, wo er Erwartungen übertroffen hat. Er weiß, dass sein Chef das sehr genau wahrgenommen hat und es sich merkt. Und er wird sich bemühen, auch beim nächsten Mal die Erwartungen, die in ihn gesetzt sind, zu erfüllen und zu übertreffen.

Gerade Ehemänner in einer Partnerschaft wissen – oder sollten wissen, dass das Kompliment »Siehst heut aber gut aus!« nach hinten losgehen kann. »Hab' ich dir gestern etwa nicht gefallen?« Wenn Mann aber sehr konkret Frau wahrnimmt und beschreibt: »Diese Bluse passt sehr gut zu deinen Augen!« wird sie nicht nur für das Kompliment danken. Sie wird sich auch darüber freuen, dass dieser Mann ihre Augenfarbe wahrgenommen, die neu gekaufte Bluse registriert und beides in einen Zusammenhang gesetzt hat. Um auch ein gegenläufiges Klischee zu bedienen: Wenn der Partner sich intensiv um einen für die persönlichen Verhältnisse geeigneten Wagen bemüht hat, könnte Frau sich bemühen, nicht nur an Farbe, sondern auch an Motorzustand, Sicherheit, Beschleunigungsverhalten und Spritverbrauch ehrliches Interesse zu zeigen.

Nun gibt es Situationen, da wüssten Sie wirklich nicht, was der beste Ihrer Mitarbeiter denn noch verbessern sollte. Im jährlichen Mitarbeitergespräch möchten Sie loben, aber unser oben genanntes Prinzip der Ergebnisorientierung und Optimierung auch beherzigen. Sie fragen sich nun: »Wo kann diese Person noch kritisiert werden? Wo sollte er sich verbessern?«

Fragen Sie nicht uns! Und saugen Sie sich nur keine Kritik aus den Fingern, zu der Sie selbst nicht stehen. Fragen Sie Ihren Mitarbeiter einfach selbst, wie er seine Leistung sieht. Gerade die besten Mitarbeiter sind oft sehr selbstkritisch und haben selbst den Wunsch nach weiterer Verbesserung ihrer Arbeit. Wenn diese Selbstkritik und der Vorsatz einer Veränderung in Ihrem Sinne sind, dann unterstützen Sie den Mitarbeiter bei dieser Entwicklung wohlwollend. Sollte er keine Selbstkritik äußern, hilft häufig auch die Frage: »Und wo denken Sie, können Sie sich nun noch verbessern? Woran möchten Sie arbeiten?« Die meisten werden auf diese Frage etwas nennen, woran es sich im Sinne des Gesamtergebnisses zu arbeiten lohnen kann.

Vielleicht denken Sie aber gerade auch an einen Problemkandidaten in Ihrem Team. Nach einem kurzen negativen Feedback, das Sie dem Mitarbeiter in einer Situation »zwischen Tür und Angel« gegeben haben, sollte äußerst zeitnah Gelegenheit zu einer ausführlicheren Aussprache möglich sein. Zumindest dann, wenn der Mitarbeiter dies wünscht. Solche kurzen, vielleicht harschen Kritikpunkte zu äußern, ist grundsätzlich berechtigt. Der Mitarbeiter kann durch die plötzliche Kritik überrascht sein. Aber der zugrundeliegende Inhalt sollte ihm bekannt sein!

Wenn Sie ihm zum Beispiel deutlich gesagt haben, dass Sie Wert auf Pünktlichkeit legen, und er kommt weiterhin zu seinen Terminen zu spät, soll er ruhig merken, dass das Ihnen nicht entgangen ist. Auch ein grob nachlässiges Arbeiten oder eindeutige Fehler können bemerkt und angemerkt werden. Schwieriger ist es bei sehr persönlichen Dingen, wie z. B. müdes oder kränkliches Aussehen, unangemessene oder irritierende Kleidung und Schwächen in der Kommunikation. Wenn Sie glauben, hier eine Anmerkung machen zu müssen, formulieren Sie diese möglichst ohne Interpretation und eher als erstaunte Frage: »Sie wirken heute etwas müde?!« Sonst kann ein lockeres »Wohl gestern zu lang gefeiert?« mit tief verletztem Schweigen beantwortet werden. Vielleicht erfahren Sie erst Wochen oder Monate später von einer Nacht am Bett des kranken Kindes oder einem sterbenden Elternteil. Bis dahin aber werden Sie unter Umständen für eine flapsige, aber völlig unnötige Verletzung mit Dienst nach Vorschrift und eisigem Schweigen gestraft.

Entkoppeln Sie Lob und Kritik

Meistens ist da, wo Licht ist, auch Schatten. Und selten ist ein Mitarbeiter eindeutig gut oder schlecht. Trotzdem raten wir dazu, Lob und Kritik zu entkoppeln. Selbst wenn in einem Gespräch häufig beides genannt werden muss, raten wir zu einer größtmöglichen Trennung. Wir haben ein Unternehmen einmal über drei Ebenen hinweg beraten. Auffällig dabei war, dass alle Ebenen sich an Kritik von oben erinnerten. Keiner aber sagte, dass sie auch für gute Leistungen gelobt worden wären. Gleichzeitig gaben aber fast alle Personen an, nach »unten« Lob und Kritik weiterzugeben. Bei genauerem Nachhaken unsererseits stellte sich heraus, dass meist beides miteinander gekoppelt war. Womöglich noch mit einem »Aber«.

Das Wörtchen »Aber« ist der Tintenkiller für jedes Lob! Wenn Sie ein »Aber« anhängen, können Sie sich das Lob sparen! Die harmlos wirkenden vier Buchstaben löschen im hörenden Ohr eine ganze vorhergehende Lobeshymne! »Sie haben das gut formuliert, aber Ihre Rechtschreibung ...!« – Da bleibt kein Lob hängen.

Etwas besser ist die Verbindung mit »Und«. »Ihre Formulierungen sind gut. Und auf ihre Rechtschreibung sollten Sie noch etwas genauer Wert legen!« »Nun ja!«, wird die andere Seite denken, »Immerhin wurde nicht nur gemeckert!«

Wir empfehlen jedoch eine größtmögliche Entkopplung. Es schadet nichts, eindeutig zu loben und eindeutig zu tadeln. Solange Ihre Mitarbeiter nicht verletzend heruntergeputzt werden, können sie Ermahnungen normalerweise auch relativ ungeschminkt verkraften. Vor allem freut sich jeder über ein Lob nur, wenn es nicht im gleichen oder nächsten Satz wieder entkräftet und mit einem Tadel mental gelöscht wird.

Feedback wird als solches benannt

Es erweist sich nach unseren Erfahrungen als wichtig, Feedback auch aktiv als solches zu benennen. Sagen Sie nicht nur: »Das war ein lebendiger Vortrag!«, sondern »Ich möchte Ihnen gerne zu ihrem Vortrag eine Rückmeldung geben. Hier muss und will ich Sie loben! Das war sehr lebendig und anschaulich!« Und wenn Sie sagen: »Herr Müller, Sie kommen schon wieder zu spät!«, können Sie mit dem Zusatz: »Ich möchte Sie wissen lassen, dass ich dies so nicht akzeptiere!« Ihr Feedback verstärken.

Übung 9 für Ihre Führungspraxis

Wenn Sie das nächste Mal einem Ihrer Mitarbeiter Feedback geben möchten, achten sie schon im Vorfeld auf folgende Punkte:

1. Was genau möchte ich kommunizieren (ist es Lob? Oder Kritik? Oder beides?)
2. Habe ich Fragen gestellt, die den Mitarbeiter dazu anregen, selbst eine Analyse bzw. Bewertung seiner Ergebnisse durchzuführen?
3. Wie kann ich meine Bewertung möglichst konkret formulieren?
4. Welche konkreten Beispiele kann ich heranziehen?
5. Erfolgt mein Feedback in der Ich-Form?
6. Gelingt es mir, Lob auszusprechen, ohne danach etwas zusätzlich anzuführen? Kann ich die Kritik davon abkoppeln?
7. Mit welcher Motivation geht der Mitarbeiter aus dem Gespräch?

Auch ein Chef verträgt Feedback

Manchmal herrscht Sprachlosigkeit gegenüber dem Vorgesetzten. Das sollte nicht Ihr Ziel sein. Ermutigen Sie Ihre Mitarbeiter zu ehrlichem (nicht zu respektlosem) Feedback. Gerade wenn Sie angstfrei Kritik annehmen und bei berechtigten Hinweisen positiv und dankbar mit einer möglichen Korrektur reagieren, werden auch Ihre Mitarbeiter einen gelassenen und konstruktiven Umgang mit kritischem Feedback lernen. Und abgesehen davon, dass Sie Vorbild sein sollten, vielleicht gibt es wirklich wichtige Kritikpunkte an Ihnen, die Sie wissen sollten, um es für beide Seiten besser werden zu lassen.

Wir kennen zum Beispiel ein Team, das in einem gemeinsamen Büro sehr darunter litt, dass der anwesende Teamleiter unangenehm nach Schweiß roch. Lange traute sich niemand, den Leiter auf ein so heikles Thema wie den Körpergeruch anzusprechen. Als schließlich einer den Mut fand, geschützt unter vier Augen das Problem zu benennen, reagierte der Leiter ausgesprochen dankbar. Er war sich des Problems nicht bewusst gewesen. Nun änderte er sein persönliches Hygieneverhalten, und alle atmeten auf. Natürlich besserte sich auch die Arbeitsatmosphäre, als die Mitarbeiter nicht schon mit körperlichem Widerwillen den gemeinsamen Arbeitsraum betraten.

Wir können hier leider keine Garantie dafür übernehmen, dass jeder Vorgesetzte die nötige menschliche Reife für einen solchen Dialog mitbringt. Was wir guten Gewissens behaupten können, ist allerdings, dass es in weit mehr Fällen zu einer positiven Reaktion auf ein ehrliches, höfliches und angemessenes Feedback kommt, als die Beteiligten zu hoffen wagen.

Ein anderer Geschäftsführer litt selbst sehr unter seinen cholerischen Wutausbrüchen. Noch mehr litten natürlich diejenigen darunter, die täglich von ihm angepoltert und abgekanzelt wurden. Die hohe Fluktuation unter seinen Angestellten brachte ihn schließlich dazu, ein Einzelcoaching aufzusuchen. Mithilfe verschiedener Methoden gelang es ihm, in seiner Arbeit mit aufkeimender Wut disziplinierter umzugehen, sie anders zu kanalisieren und achtsamer, aufmerksamer zu handeln. Seltsamerweise schien das keiner seiner Mitarbeiter zu merken. Da er selbst aber ein Feedback auf sein geändertes Verhalten wünschte, rieten wir ihm, seine Veränderung aktiv mindestens vier Mitarbeitern zu erzählen. Logischerweise verbreitete sich nun die Botschaft: »Der Chef hat sich geändert! Er versucht, nicht mehr so aufbrausend zu sein!« wie ein Lauffeuer im gesamten Unternehmen. Diejenigen, welche die Veränderung bemerkt hatten, wussten nun, dass sie ihren Chef darauf positiv ansprechen konnten. Und diejenigen, denen es entgangen war, wurden darauf aufmerksam gemacht, das veränderte Verhalten positiv zu registrieren. Gerade wenn etwas Unerwünschtes ausbleibt, fällt es uns ja häufig nicht weiter auf. Da lohnt es sich auch, manchmal aktiv darauf hinzuweisen, dass wir eine Schwäche überwunden, einen Fehler beseitigt haben oder zumindest weniger häufig diesen Fehler wiederholen.

Das jährliche Gespräch mit dem Mitarbeiter

Mindestens einmal im Jahr sollten Sie sich Zeit nehmen für ein ausführliches, gut vorbereitetes und angekündigtes Gespräch mit jedem Ihrer Mitarbeiter. Hier sollten Sie den gegenwärtigen Stand der Zusammenarbeit gemeinsam betrachten, Vergangenes reflektieren und die Zukunft planen. Gerade dabei passieren allerdings in vielen Unternehmen, die wir kennengelernt haben, erhebliche und leicht vermeidbare Fehler.

Wer sich das Gespräch mit dem Mitarbeiter »spart«, verschenkt wertvolle Ressourcen

Der größte Fehler in unseren Augen ist, dass diese Gespräche häufig gar nicht stattfinden. Manchmal werden sie nicht einmal eingeplant. Oder es ist leider eine wichtige Lieferung dazwischengekommen, die Sekretärin stellt einen Anruf nach dem anderen durch, und weder Chef noch Mitarbeiter haben sich etwas zu sagen. Da wir hier in den seltensten Fällen von einer schweigenden kongenialen Übereinstimmung ausgehen können, empfehlen wir dringend, das Gespräch gut zu planen, inhaltlich vorzubereiten und es vor störenden Telefonaten oder anderen Unterbrechungen zu schützen.

Der Gesprächstermin ist bekannt

Lassen Sie Ihren Mitarbeiter mindestens eine Woche vorher wissen, dass Sie mit Ihm reden wollen. Auch er will sich auf den Termin vorbereiten. Er will zusammenfassen, was er Ihnen sagen möchte. Er muss die Chance haben, sich auf das Gespräch einzustellen. Vielleicht will er in seinen Augen unbefriedigende Vorgänge protokollieren, einen Wunschzettel schreiben, usw. Je besser er sich vorbereitet, desto besser auch für Sie. Sonst ist das Gespräch vorbei, und Tage später hält er Sie an: »Was ich vergessen habe, Ihnen zu sagen!«. Und Sie fallen aus allen Wolken.

Der Freitagnachmittag vor dem Wochenende ist kein idealer Gesprächstermin. Gerade bei schwierigen Gesprächen, wo Kritik notwendig wird, oder bei einer für den Mitarbeiter ungünstigen Entscheidung verbietet sich dieser Zeitpunkt.

Finden Sie Ihren Gesprächsort – und wenn er noch nicht da ist, erfinden Sie ihn

Man kann viel darüber schreiben, ob das Gespräch mit Ihrem Mitarbeiter am kleinen Tisch, im Konferenzraum oder vom Schreibtisch aus geführt werden sollte. Jede dieser Situationen hat Vorteile, und je nach ihrer persönlichen und betrieblichen Situation auch wieder Nachteile. Am wichtigsten ist es, dass Sie selbst sich innerlich souverän und selbstsicher fühlen und gleichzeitig dem Mitarbeiter ein fairer und aktiv zugewandter Gesprächspartner sind. Stellen Sie vor allem sicher, dass Sie in dieser Zeit nicht gestört werden. Wenn Sie ein kleiner Tisch irritiert und Sie sich hinter dem Schreibtisch geborgener fühlen, bleiben Sie hinter Ihrem Schreibtisch. Stört Sie der große, mit Unterlagen belegte Arbeitsplatz und Sie wollen eine größere Nähe im Ringen um eine gemeinsame und gute Unternehmensleistung herausstellen, reicht Ihnen vielleicht ein kleinerer Tisch zwischen zwei – bitte nicht zu gemütlichen – Sitzgelegenheiten. Und wenn Sie auch im Dialog zu zweit nicht auf Flipchart und Planungsmappen beim Reflektieren des Erreichten und beim Entwickeln gemeinsamer Perspektiven verzichten wollen, buchen Sie sich die Zeit im Konferenzsaal. Dort sind Sie meist auch ungestörter als in Ihrem Büro. Wichtig ist, dass der Ort für Ihre eigene Person und für den Anlass des Gespräches stimmig ist. Mit dem begeisterten Mitarbeiter beugen wir uns gerne gemeinsam über die Projektpläne am Konferenztisch. Den anmaßenden und unverschämten Faulpelz will jeder lieber auf der anderen Seite des Schreibtisches sehen. Wenn Sie sich selbst in der von Ihnen geschaffenen Gesprächssituation nicht wohlfühlen können, ändern Sie die Situation. Sorgen Sie hier für sich selbst und nicht primär für die angenehme Atmosphäre aus Sicht des Mitarbeiters. Vermeiden Sie besonders bei sehr kritischen Gesprächen eine uneindeutige Atmosphäre.

Den Kaktus nicht als Blume verkaufen

Beinhaltet das Gespräch kritische Einschnitte für den Mitarbeiter (wie zum Beispiel Kündigung, keine Gehaltserhöhung, Gehaltsverzicht, deutliche Kritik am Verhalten), halten wir nichts davon, mit positivem Smalltalk zu beginnen, auch wenn das einige Lehrbücher noch anders sehen. »Möchten Sie einen Kaffee? Wie geht es Ihrer Frau?« – und dann, einige Minuten später: »Ich muss Ihnen heute sagen, dass es so nicht weitergeht. Ich kann ihr Verhalten in dieser Form nicht akzeptieren!«

Hier wird ein Blumenstrauß gebunden, um dann den Kaktus zu überreichen. Ein höfliches »Guten Tag« sollte jedem Gespräch vorangehen, auch wenn der Tag für den Mitarbeiter nicht unbedingt »gut« ist. Aber jede weitere Kosmetik empfehlen wir wegzulassen. Sie schicken den Mitarbeiter mit Smalltalk oder eventuell noch mit einem Gespräch über Ehepartner und Kinder nur unnötig auf eine Achterbahn der Gefühle. Meist ahnt er ohnehin, dass es kritisch für ihn wird. Dann kommt Ihr Interesse in seinen Augen als Heuchelei an. Oder er ahnt nichts, öffnet sich Ihnen unter Umständen sogar im persönlichen Schicksal und bekommt dann von Ihnen eine volle Breitseite. Beides müssen wir einem Menschen, dem wir auch bei Kritik als Menschen menschlich begegnen und kritisieren, aber nicht verletzen wollen, nicht antun. Uns selbst übrigens auch nicht, denn solche höflichen Verzierungen machen es auch uns schwerer, Kritik klar und eindeutig zu äußern.

Kommunikation gelingt und misslingt im »Hier und Jetzt«

Wenn sich Führungskräfte und ihre Mitarbeiter im Zweiergespräch gegenübersitzen, wird oft der Fehler gemacht, dass man – wie im Leben so oft – der Gegenwart entflieht und in Problemen der Vergangenheit oder in Visionen der Zukunft den größten Anteil der eigenen Konzentration und Wahrnehmung investiert. Dabei ist die Ebene des »Hier und Jetzt« für das Gespräch von entscheidender Bedeutung. Ihr vordringlichstes Augenmerk sollten Sie also auf das Gespräch selbst legen. Wie fühlen Sie sich. Sind Sie präsent und konzentriert. Und ist auch ihr Gegenüber Ihnen zugewandt, um gegenseitig und gemeinsam auf die Zeitebenen der Vergangenheit und Zukunft zu blicken.

»Was passiert hier gerade?«

Ihre gemeinsame Stunde ist vertan, wenn Sie dem Mitarbeiter Fehler der Vergangenheit aufzählen, während dieser scheinbar gelangweilt aus dem Fenster blickt. Strengen Sie sich da bitte nicht weiter an, um die Litanei möglichst vollständig an seiner vorgetragenen Coolness abblitzen zu lassen, sondern machen Sie sein offenkundiges Desinteresse zum Thema. Fordern Sie ihn da, wo er jetzt steht. Thematisieren Sie seine »Null-Bock«-Attitüde nicht an vergangenen Nachlässigkeiten, sondern am aktuellen, gelangweilten Blick aus dem Fenster. Machen Sie also die Situation im Hier und Jetzt zum Thema.

Mitarbeiter, die während des Gespräches anmaßend auftreten, können Sie mit einem klaren Feedback wieder im Hier und Jetzt auffangen. »Der Ton, den Sie mir gegenüber gerade anschlagen, macht mich wütend! Ich spüre da keinen Respekt!« Sie müssen in diesem Fall über den Kontakt zwischen Führungskraft und Mitarbeiter sprechen, nicht über irgendetwas Vergangenes.

Aber auch die Situation, dass ein Mitarbeiter im Gespräch in Tränen ausbricht, kann nur im Hier und Jetzt gelöst werden. Sie müssen hier nicht werten, ignorieren, Gesagtes bestreiten oder Versprechungen machen. Stellen Sie die passende Hier-und-Jetzt-Frage. Zum Beispiel: »Was brauchen Sie jetzt?« Zeigen Sie, dass Sie die Tränen wahrnehmen, und geben Sie dem Mitarbeiter Raum und Zeit, sich wieder zu fassen. Ein Taschentuch, eine Pause, eine Tasse Tee, da ist einiges möglich. Tränen können eine positive Vertiefung der Situation sein. Gehen Sie grundsätzlich wertschätzend und höflich mit einer solchen Art der Begegnung um. Und lassen Sie sich gleichzeitig nicht funktionalisieren. »Das hab' ich doch gar nicht so gemeint!« glaubt Ihnen der andere sowieso nicht. Ein »Wir können ja noch einmal darüber nachdenken!« oder »Morgen sieht alles nicht mehr so schlimm aus!«, wenn Sie die Kündigung aussprechen mussten, nimmt den Ernst der Situation nicht an oder täuscht falsche Hoffnung vor. Achten Sie die Traurigkeit, das Unverstanden Fühlen, die Verzweiflung oder Überforderung ihres Gesprächspartners, aber vermeiden Sie die Flucht in Ausreden, Illusionen, nicht zu haltenden Versprechungen oder gar Lügen. Ihr Gegenüber würde es Ihnen nicht danken.

Der Ausgangspunkt des Gesprächs ist die Gegenwart

Zum Hier und Jetzt in Gesprächen noch eine Randbemerkung ganz grundsätzlicher Art:
Uns fällt immer wieder auf, wie viel Arbeit sich Führungskräfte sparen könnten, wenn sie ihr Augenmerk nicht nur auf z. B. missglückte Aktivitäten in ihrer Vergangenheit oder zersprungene Hoffnungen und Träume für Ihre Zukunft richten würden. Und der erste Hinweis, den wir frustrierten, ausgebrannten oder depressiven Leitungskräften geben, ist nicht, sich all das Gute im Vergangenen oder die verbleibenden Visionen für die Zukunft ins Gedächtnis zu rufen. Das Wichtigste ist das Erleben und Arbeiten im Hier und Jetzt. Carpe diem, pflücke den Tag! »Was passiert jetzt gerade?«, mit dieser scheinbar simplen Frage stoßen wir häufig neue, gewinnende Erkenntnisse an. Führungskräfte sollten dies bei den Mitarbeitern in ihren Gesprächen ebenfalls tun.

Und genau diese Frage hilft nicht nur in der eigenen Reflektion, sie hilft auch später, wenn wir im Team in gemeinsamer Verantwortung mit mehreren Mitarbeitern Kommunikation gelegentlich selbst wieder betrachten müssen, um Sackgassen und Irrwege zu vermeiden. »Was passiert gerade jetzt?« ist auch eine wichtige Frage, der sich die Führungskraft in jedem Mitarbeitergespräch bewusst werden muss, wenn es gelingen soll. Denn die Frage richtet den Blick auf das Hier und Jetzt im Dialog.

Vielleicht haben Sie den Eindruck, alles zu Besprechende in der Vergangenheit und die zu planende Zukunft seien schon genug Stoff für ein langes Gespräch. Wozu noch in der Analyse der gegenwärtigen Situation verharren? Wir haben dagegen festgestellt, dass gerade die Verankerung in der Gegenwart sehr oft beschleunigend, auch auf das anzustrebende Ergebnis wirken kann.

Sie kennen vielleicht die Situation, dass ein Mitarbeiter zu Ihnen kommt, um ausführlich über seinen Werdegang in der Firma zu berichten. Meist spüren Sie schon nach dem zweiten Satz, dass sich die ganze Erzählung nicht auf ein konkretes Problem zwingend bezieht (hier wäre aktives Zuhören wichtig), sondern dass Sie weichgeklopft werden sollen. Vielleicht geht es um mehr Gehalt, um den Urlaub oder Sonstiges. Anstatt auf die Ausführungen im Einzelnen einzugehen, empfiehlt es sich in diesem Fall, den Mitarbeiter ruhig und wertschätzend zu unterbrechen und zu sagen: »Was möchten Sie mich denn hier und jetzt eigentlich fragen, Herr Schmidt?« Hierbei ist es wichtig, die Frage im wertschätzenden Ton zu stellen. Ein überheblicher ironischer Ton führt zur unnötigen Verkrampfung der Situation. Das sollten Sie weder sich noch dem bittenden Mitarbeiter antun! Eine höfliche Frage jedoch wird das Gespräch beschleunigen. Süffisant würde derselbe Satz allerdings zur Drohgebärde.

Liegt die Bitte oder Forderung von Herrn Schmidt dann auf dem Tisch, kann in Ruhe und in alle Richtungen dazu argumentiert und entschieden werden.

Fallen entschärfen statt betreten

Ein weiteres Beispiel für die Berechtigung der »Hier-und-Jetzt-Frage« sind anmaßende und/oder doppeldeutige Formulierungen. Solche künstlich verklausulierten Forderungen, Drohungen, mögliche Erpressungen und andere Spielchen gehören sofort enttarnt.

Ein möglicher Satz ist etwa: »Chef, ich möchte Sie nicht unter Druck setzen, aber ...«

»Hier und Jetzt« müssen Sie innerlich feststellen, dass das erste »Nicht« im Satz Ihres Mitarbeiters eine nur mäßig verkleidete Lüge darstellt. Anstatt nun auf die zweite Satzhälfte, was immer es ist, zu reagieren, sollten Sie Ihr Gegenüber mit dem Satz »Was passiert hier gerade?!« zur Demaskierung zwingen. Oft reagiert der Gesprächspartner irritiert, da er aufgefordert wird, auf die Prozessebene des Gesprächs zu schauen, sich seine eigene leidlich verkleidete Überhebung anzusehen und selbst zu beschreiben.
Manchmal kommt dann keine Antwort, und Sie können nun Feedback geben. »Herr Müller, die Formulierung »Ich möchte Sie nicht unter Druck setzen« erlebe ich als sehr anmaßend. Ich bin offen für Ihr Feedback, lasse mir aber nicht vorschreiben, was ich zu tun oder zu lassen habe!«

Häufig sind solche Gespräche notwendig, wenn Sie eine Führungsposition übernommen haben und im Team auf einen »Primus inter pares« Ihres Vorgängers treffen, der gerne Ihren Posten gehabt hätte. Hier gilt es die Situation so zu klären, dass der nötige Respekt Ihnen gegenüber eingefordert wird und Ihnen gleichzeitig die gute Arbeitskraft in möglichst großem Einvernehmen erhalten bleibt.

Ein gutes Barometer für die »Hier-und-Jetzt-Frage« ist Ihr Gefühl. Immer dann, wenn Sie glauben, dass das Gesagte Ihres Gegenübers nicht zu dem passt, was Sie gerade empfinden, verschaffen Sie sich mit dieser Frage eine Klärung der Situation.

Mit »Was passiert hier gerade?« stochern Sie sozusagen mit dem kleinen Stock in der für Sie aufgestellten Falle, statt mit dem bloßen Fuß hineinzutreten. Gerade in verlogenen, intriganten oder verleumderischen Gesprächssituationen hilft Ihnen die explizite Situationsklärung. Diese Frage löst Feedbackbotschaften aus und bringt das Verborgene an den Tag.

»Ich möchte Sie ja nicht beeinflussen ...«; »Eigentlich weiß ich gar nicht, ob es stimmt, aber ...«; »Nicht, dass ich schlecht über jemand reden möchte ...«; »Was ich Ihnen jetzt sage, darf ich eigentlich gar nicht wissen ...« – Wenn jemand mit diesen Fallenstellersätzen in Ihr Büro kommt, treten Sie dem Prozess und der vorgenommenen Manipulation bitte wachsamer gegenüber als der darauf folgenden Information, dem Gerücht, der Intrige. Sie sollten sich am Anfang dieser Fallensätze mit der Hier-und-Jetzt-Frage aus der für Sie aufgestellten Falle befreien. Manchmal mag die Neugierde zu groß sein, und Sie klären die Situation erst, nachdem Sie das Gift einer solchen Information getrunken haben. Das kann aber dann sehr schmerzhaft werden!

Übrigens sind die meisten Denunzianten sehr anhänglich. Wenn Sie die Information, »die Sie aber nur erfahren, wenn Sie diese nicht benutzen«, nicht hören wollen, wird Sie Ihnen später in den meisten Fällen auch ohne Bedingung nachgereicht.

Die Tugend des Zuhörens

Wir sind immer wieder erstaunt, wie mäßig auch gut gebildete und sozial sehr kompetent wirkende Personen in hohen Leitungsebenen zuhören können. Dabei ist es gerade in dem Fall, wenn ich etwas zu sagen habe, etwas bestimmen und erreichen will, unabdingbar wichtig zu wissen, WEM ich etwas sage.

Keiner würde mit bloßen Fingern an Leitungen rumbasteln, wenn er nicht vorher kontrolliert hätte, ob und wie stark Strom durch die Drähte fließt. Wieso sollten wir dann glauben, dass unsere Mitarbeiter mit all ihren Sorgen, ihren Ideen, ihren Wünschen und Problemen vor uns sitzen wie ein totes Stück Draht, um sich von unseren Händen beliebig formen zu lassen?!

Es ist ein wichtiger Punkt in jedem Ihrer Gespräche, dass nicht nur Sie selbst dem Mitarbeiter Ihre Meinung sagen, Gutes loben, bei Fehlern ermahnen, bei Unsicherheiten oder Fragen Beratung anbieten oder Wege zur Veränderung benennen. Wichtig für eine Entwicklung der Eigenmotivation, für ein geleitetes positives Abschöpfen der persönlichen Ressourcen, die ein Mitarbeiter anbietet, ist es, diesem zunächst gut zuzuhören und seine Fähigkeiten, sein Potenzial zu erkennen. Sein Vertrauen und Ihr Vertrauen können im gegenseitigen Verstehen wachsen. Wer alles besser weiß, erfährt wenig vom besseren Wissen seines Gegenübers. Und schon ein wenig Zeit reicht oft, um zu erfahren, was dem anderen wichtig ist, wo er mir gerne gute Leistungen anbieten kann und welchen seelischen Porzellanladen ich vielleicht besser umgehe. In der Praxis haben wir viele solcher Gespräche begleitet und ausgewertet, und bei der Hälfte der Gespräche hatte die Führungskraft mehr als 60 %, manchmal sogar 90 % Redeanteil.

Nett beschrieben, werden Sie jetzt denken. Aber diese Coachs kennen ja meine »Frau Müller« nicht. In jedem Gespräch nervt sie mich, statt zur Sache zu kommen, mit einer uralten Geschichte aus ihrer ehemaligen Abteilung

Nun, wir kennen zumindest ihre seelischen Zwillingsschwestern und -brüder. Und gerade bei diesen »Müllers« hilft Zuhören. Hier ist es unabdingbar, sich »die leidige alte Geschichte« einmal bewusst anzuhören. Erst wenn diese in ihrem Selbstwertgefühl irgendwann einmal tief verletzten Mitarbeiterin merkt, dass wir ihr Bekenntnis, ihre Verletzung, ihre alte Geschichte wahrgenommen und verstanden haben, wird sie wissen, dass sie diese Story nicht dauernd neu bei uns einloggen muss. Erst dann sind solche, psychisch meist nicht einfachen Personen überhaupt zu erreichen. Erst dann schaffen sie es, auch Ihnen zuzuhören. – Probieren Sie es einmal.

Zuhören! Nicht werten, nicht besser wissen, nicht lösen – zuhören!

Hören Sie aktiv zu. Geben Sie keine Tipps, beschwichtigen Sie nicht, schmälern Sie nichts und bewerten Sie nicht. Das ist »minimal« – aber Sie werden feststellen, dass es nicht simpel ist! Beobachten Sie sich einmal zu Hause oder im Freundeskreis. Oder beobachten Sie zunächst einmal andere beim »Zuhören«. Sie werden feststellen, dass viele Menschen schon zehn Tipps zur Lösung beitragen, bevor sie das Problem auch nur ansatzweise verstanden haben. Manchmal kann dann der »Problembesitzer« umgekehrt das Spiel spielen: »Du sagst mir deine Lösung, und ich beweise dir, dass sie nicht passt!«

Es lohnt sich nach unserer Erfahrung wirklich, das eigene Zuhören aktiv zu üben. Lassen Sie sich etwas erzählen und spiegeln Sie es dem anderen anschließend. Sagen Sie dem Gegenüber, was Sie gehört haben, und fragen Sie, ob das im Wesentlichen richtig und vollständig verstanden wurde. (Nebenbei werden Sie überrascht sein, wie nah Freunde, Kinder, Partner und auch Mitarbeiter sich Ihnen fühlen, wenn sie das berechtigte Gefühl haben, von Ihnen gehört und verstanden zu werden!)

Und nach den anstrengenden zehn oder 20 Minuten, die Sie ganz dem Anliegen ihres Gegenübers gewidmet haben, können Sie anfangen, über die notwendigen Überstunden, die fehlgelaufenen Akten und die wichtige Konferenz in der nächsten Woche zu reden.

Aktives Zuhören beschleunigt Verständigung

Außerdem vermeiden Sie durch das aktive Zuhören nicht nur das eigene eventuell unangebrachte Durchsetzen, sondern auch das Herauslavieren ihres Gegenübers. Sie werden feststellen, dass Zuhören scheinbar Zeit kostet, aber in Wirklichkeit Gespräche verkürzt, zur schnelleren Findung von Ergebnissen beiträgt.

Der vorgehaltene Spiegel zeigt den Mitarbeiter oft auch für ihn selbst ehrlicher und ungeschminkter als die offensive Kritik oder Forderung der Führungskraft. Der Mitarbeiter reflektiert seine eigenen Aussagen und kann diese korrigieren. Es ist ein gelungenes, lösungsorientiertes Gespräch im Sinne unseres minimalen Prinzips, wenn sich ein Mitarbeiter in einer kritischen Situation selbst überzeugt!

Hier ein Beispiel aus dem betrieblichen Alltag, der deutlich macht, wie wichtig das aktive Zuhören oder auch das Spiegeln vonseiten der Führungskraft sein kann:

Mitarbeiter: *»Ich kann diesen Auftrag nicht mehr ausführen!«*

Führungskraft: *»Sie sagen also, Sie können diesen Auftrag nicht mehr ausführen?«*

Mitarbeiter: *»Ja! Ich weiß, der Auftrag ist wichtig, aber ich habe auch noch so viel andere wichtige Arbeiten zu tun. Ich weiß einfach nicht, wie ich das alles schaffen kann. Mir fehlt die Zeit dazu.«*

Führungskraft: *»Ich verstehe, Sie wünschen sich bei der Vielzahl der Aufträge eine Priorisierung. Kann ich da helfen?«*

Mitarbeiter: *»Ja, irgendwie scheint doch alles wichtig, oder?«*

Führungskraft: *»Das stimmt, aber es gibt natürlich auch Prioritäten, und hier ist es wichtig, dass Sie Entscheidungen fällen können, die unser Gesamtergebnis auf Dauer optimal unterstützen.«*

Mitarbeiter: *»Ja, das ist schon klar. Und ich weiß auch, dass der neue Auftrag besonders wichtig ist. Wissen Sie, ich will den Auftrag aber am liebsten abgeben.«*

Führungskraft: *»Das heißt, Sie kennen die Priorität, möchten den Auftrag aber trotzdem gerne abgeben?«*

Mitarbeiter: *»Wenn Sie das so sagen, klingt das so, als ob ich faul wäre.«*

Führungskraft: *»Das habe ich nicht gesagt. Ich wollte nur klären, ob ich Sie hier richtig verstehe, damit wir eine Lösung finden können. Wissen Sie, der neue Auftrag ist schwierig, und mir ist wichtig, dass Sie diese Aufgabe erledigen.«*

Mitarbeiter: *»Ja. Leicht ist die Aufgabe nicht. Mir ist auch, ehrlich gesagt, noch gar nicht klar, wie ich diese Aufgabe anpacken soll!«*

Führungskraft: *»Sie fühlen sich hier also unsicher? Würde es helfen, wenn wir über die konkrete Ausführung noch einmal in Ruhe miteinander sprechen?«*

Mitarbeiter: *»Ja, das würde mir helfen. Ich hätte hier einige Fragen, die ich beantwortet haben müsste, damit ich wirklich mit der Aufgabe anfangen kann, ohne feuchte Hände zu bekommen!«*

Aktives Zuhören hilft Missverständnisse zu vermeiden. Oft sagen wir etwas – meinen aber etwas anderes. In unserem Beispiel schien der Mitarbeiter am Anfang den Auftrag abzulehnen – das klang wie Arbeitsverweigerung. Durch aktives Zuhören und Nachfragen konnte die Führungskraft klären, was der Mitarbeiter wirklich meint. Aktives Zuhören kann außerdem – ruhig gepaart mit den nötigen »Übersetzungen« – die nötige Einsicht weit schneller und tiefer hervorrufen als ein wirsches: »Das ist Ihre Aufgabe und nun schauen Sie mal, dass Sie damit klarkommen!« Manchmal entdecken wir auch, dass Argumente vorgeschoben werden. Es ist für einen Mitarbeiter vor der Führungskraft, ja sogar vor sich selbst oft leicht zu sagen, man hätte zu wenig Zeit.

Fazit aus diesem Beispiel: Es braucht Vertrauen und ein offenes Ohr, damit man zugeben kann, dass man sich überfordert und einer Aufgabe noch nicht gewachsen fühlt. Vielleicht fehlt gar nicht die Zeit, sondern einzelne Informationen, Fähigkeiten, Sachkenntnis.

Manches Sachproblem enttarnt sich als Kommunikationsproblem zwischen zwei Kollegen.

In diesem Fall hilft Zuhören, nicht Anordnen, Projizieren oder Fordern! Aktives Zuhören beschleunigt die Verständigung. Beide Seiten können im Dialog eine neue Einsicht gewinnen.

Und gerade wenn Sie als Chef gut zugehört und verstanden haben, können Sie dasselbe auch von Ihren Mitarbeitern erwarten. Lassen Sie sich Aufträge oder Absprachen in den Worten des Mitarbeiters wiederholen. Stören Sie sich nicht daran, dass das am Anfang für beide Seiten komisch klingen mag. Es lohnt sich!

Nehmen Sie die Anregungen, soweit möglich, auf

Auch bei ergebnisorientierten Gesprächen, in denen der Mitarbeiter eigene Ideen zur Umsetzung einer Maxime hat, ist es eine gute Motivationshilfe, die Ideen des Mitarbeiters, soweit möglich, zu integrieren. Dabei ist der Stil wichtiger als der Inhalt. Sie werden es nicht so leicht glauben, aber schon die japanische Kampfkunst lehrt uns, dass es effektiver ist, mit den Energien des potenziellen Gegners verstärkend umzugehen, statt aufeinanderzuprallen und ein K.O. des Gegenübers anzustreben. Vielleicht will Ihr Mitarbeiter zum Beispiel bei der Suche nach neuen Kunden eine Reihe von Anschreiben und Prospekten versenden. Sie selbst halten die Durchführung einer telefonischen Kaltakquisition für weit effektiver. Auch wenn dies für Ihren Mitarbeiter vielleicht die unangenehmere, als aufdringlich empfundene Arbeitsweise ist.

Natürlich können Sie seine Idee abblocken und eine solche telefonische Verkaufsaktion befehlen. Sie müssen dann allerdings – zumindest wenn Sie nicht die Möglichkeit haben, ein zusätzliches Erfolgshonorar zu vereinbaren – damit rechnen, dass Ihr Mitarbeiter voller Widerwillen verschiedene Leute anruft, sich vorsichtig erkundigt und bei der ersten negativen Reaktion frustriert auflegt. Dann kann er Ihnen sagen, dass Ihre Idee keinen Erfolg hatte!

Wir empfehlen Ihnen stattdessen die Idee des Mitarbeiters dort aufzugreifen, wo Sie diese unterstützen können. Bedanken Sie sich zum Beispiel für die Idee, mit persönlichem Engagement einen engeren Kontakt zum Kunden aufzubauen.

Nun können Sie mit dem Mitarbeiter zusammen überlegen, dass ein nettes Anschreiben eine tolle Idee ist, weil es von einigen wohlwollend gelesen wird. Dass es aber in diesem Fall auch wichtig ist, eine möglichst zeitnahe, spontane Reaktion zu erhalten. Da sind natürlich Anrufe die schnellere und effektivere Lösung. Manche Ideen aus dem Anschreiben können Sie zu einem gelungenen Gesprächseinstieg am Telefon benutzen. Der Mitarbeiter muss nicht jubeln, aber er wird bereit sein, seine eigenen Anschreiben in möglichst positiver Form als Anrufe einzubringen.

Wir haben in vielen der von uns durchgeführten Projekte belegen können, dass sich die Leistungsbereitschaft und damit auch der Erfolg bei einem integrierten Mitarbeiter signifikant vom lustlosen Befehlsempfänger unterscheidet. Gerade und besonders bei Arbeitsaufträgen, die für den Mitarbeiter nicht unbedingt angenehm sind.

Ein offener Gegner kann ein guter Freund werden

Nun mangelt es nicht nur Ihnen manchmal an der rechten »Tanzlaune«, und Sie wollen lieber mit der Faust auf den Tisch schlagen und klar zeigen, wohin der Hase zu laufen hat.

Auch einige Ihrer Mitarbeiter sind vielleicht ungeübte Tänzer. Wir meinen hier nicht vordringlich die unmotivierten und trägen Kollegen, die sich angewöhnt haben, nur das Nötigste zu tun.

Ein oder mehrere Mitarbeiter könnten Ihnen mit offenem Widerstand entgegentreten. Meist gilt dies als ärgerlich und möglichst vermeidbar. Wir entdecken in den von uns beratenen Unternehmen häufig eine große Geringschätzung des offenen Widerstands.

Das ist eigentlich bedauerlich, denn nach unserer Erfahrung ist der offene Widerstand die erste Form der Kooperation. Schon aus der Bibel ist der Spruch von den zwei Weinbergsknechten bekannt. Der eine nickt alle Anordnungen ab, erfüllt sie allerdings nicht, sondern sabotiert den Auftrag im Stillen. Der andere motzt zunächst, lässt aber später den Herrn nicht hängen, sondern geht in den Weinberg und erntet die Reben.

Auch wenn so ein kurzfristiger und dann doch einsichtiger Widerständler die Ausnahme ist, jeder kennt den anderen Typ. Der Arbeitnehmer, der überall nickt, sich aber letztlich nicht die Hände schmutzig machen will, ist derjenige, dem man nur zu gerne das halbherzige »Er hat sich bemüht« oder »Er trug dazu bei ...« ins Zeugnis schreibt, wenn er endlich woanders eine Stelle sucht. Er taugt nicht viel, aber da er niemals offen widerspricht und ohne Lust gerade das unbedingte Maß mehr schlecht als recht abliefert, ist er letztlich schwerer zu fassen als ein Stück nasse Seife.

Seltsamerweise reagieren aber viele Führungskräfte nicht oder nur milde resignierend auf diesen verdeckten, stillen Boykott. Gerade der offene Widerstand, den man bearbeiten, integrieren und befähigen könnte, wird dagegen massiv bekämpft, abgemahnt oder unterdrückt. Dabei sollte doch schon ein Blick in die politische Landschaft zeigen, dass der offene Gegner ein guter Partner werden kann. Gekaufte Stimmen, verlogene Jasager und die beliebten Lieferanten der gewünschten Nachrichten, die scheinbaren Parteifreunde sind es allerdings zumeist, die eine Regierung sabotieren, lähmen und scheitern lassen.

In diesem Sinne fordern wir Sie auf, sich über jeden Widerstand, der offen geäußert wird, zu freuen. Dahinter verbirgt sich letztlich eine tiefe Motivation des Mitarbeiters. Ein NEIN ensteht immer aus einem Motiv heraus und wenn ich als Führungskraft ein Motivationskünstler sein möchte, dann muss ich mich mit den Motiven hinter dem NEIN auseinandersetzen.

In vielen Unternehmen wird bei der Thematik Beschwerdemanagement mittlerweile gepredigt: »Freuen Sie sich über Beschwerden, denn diese Kunden möchten noch etwas von Ihnen! Sehen Sie darin eine Chance!« Eigentlich sollte es in unseren Augen genauso selbstverständlich sein, dass eine Führungskraft grundsätzlich wohlwollend zuhört, wenn ein Mitarbeiter Kritik und Widerstand äußert. Meist zeigt ein solcher Arbeiter damit Interesse an der Firma. Häufig ist berechtigte Kritik dabei, und manchmal sind sogar konkrete Verbesserungsvorschläge zu entdecken (siehe auch im WIR-Teil: Umgang mit Widerstand).

In einem Unternehmen ließ die Leistung in einer Abteilung rapide nach. Als der Chef nachhakte, wurde klar, dass eine Mitarbeiterin, die leistungsmäßig weit über dem Durchschnitt gelegen hatte, sich durch die Übernahme weiterer Aufgaben wegen Erkrankungen in der Nachbarabteilung überfordert sah und nun auf »Dienst nach Vorschrift« runtergeschaltet hatte. Der Chef entschloss sich, die junge Frau ernst zu nehmen, um ihren Einsatz zu werben. Er lud zu einem Gespräch. Nachdem die Mitarbeiterin erst mal ihren Dampf ablassen konnte und die teilweise berechtigten Kritikpunkte an der Übernahme weiterer Aufgaben genannt hatte, war die stille Wut einem offenen Dialog gewichen. Im Prinzip genügte es in diesem Fall sogar, dass der Chef deutlich zur Kenntnis nahm, wie viel die Kollegin über die Vorschrift hinaus leistete. Als er danach fragte, ob er sich der Solidarität und des hohen Einsatzes nicht auch jetzt, in der für alle Seiten schwierigen Zeit, sicher sein könne, wurde ihm dies zugesichert.

Die Bearbeitung des Widerstandes geht nicht mit der Dampfwalze. Anordnungen und Ärger hätten hier die Trotzhaltung der sich überfordert und missachtet fühlenden Mitarbeiterin nur gesteigert. Aber ein gemeinsames Gespräch, in dem Zuhören, gemeinsames Erkennen der Situation und die erarbeitete Lösung für beide Seiten möglich sind, kann schnell mit »minimaler Kraft« zum Ziel führen.

Die Aufgaben werden im Dialog erarbeitet, nicht aufgezwungen

Wenn Sie die Kraft Ihres Mitarbeiters so weit wie möglich nutzen wollen, ist jede Blockade Ihrer Seite zunächst einmal ein deutlicher Verlust an Effizienz. Die Energie, die man gegenseitig und entgegengesetzt aufbraucht, ist verlorene Energie. Die asiatischen Kampfsportarten haben uns gelehrt, die Energie des Gegners zu nutzen, statt zu blockieren. Und auch ein guter Partnertanz lebt davon, die Kraft des anderen in den eigenen Schwung zu integrieren. Warum sollte es bei einem Mitarbeitergespräch anders sein?

Es ist in beiderseitigem Interesse, auf einer größtmöglichen gemeinsamen Basis um den weiteren Weg zu ringen, statt mit Macht und Kraft aufeinander zuzubrausen und den Willen des anderen mit Befehlen oder Drohungen zu »brechen«.

Wir beschreiben ein solches Führungsmodell als »AIKIDO-Prinzip«, da die Führungskraft die Kraft, die im Widerstand liegt, nutzt, um ihn in die eigene Richtung zu lenken. Dies tut sie jedoch nicht nur als Methode, sondern weil sie Interesse an der Meinung des Mitarbeiters hat und mit ihm gemeinsam die Lösung suchen will.

Die negativen Folgen aufgezwungener Veränderung

An einem banalen Beispiel kann der unterschiedliche Effekt einer vorgegebenen Anordnung und eines partnerschaftlich geführten »Aikido-Tanzes« mit dem Mitarbeiter gut deutlich werden. Einer Ihrer Mitarbeiter neigt zum Beispiel dazu, Aufgaben korrekt zu lösen. Allerdings haben Sie regelmäßig das Problem, diese noch grafisch aufarbeiten zu müssen. Sie wollen nun nicht nur ein klares Ergebnis, sondern außerdem die Entwicklung eines ansprechenden Layouts erreichen. Häufig wird dieses Gespräch ungefähr wie folgt geführt:

Führungskraft: »*Ihre Arbeit ist insgesamt gut, aber ich möchte jetzt gerne ein Ziel bezüglich ihrer Aufgaben festlegen. Die Qualität ist gut, inhaltlich finde ich, arbeiten Sie einwandfrei. Mit der Aufbereitung bin ich nicht zufrieden. Da muss ich alles erst selbst so layouten, dass ich es weiterbenutzen kann. Ich möchte in Zukunft, dass Sie auch das Layout verbessern.*«

Mitarbeiter: »*Moment mal, ich gebe mir da aber doch schon viel Mühe und ...*«

Führungskraft: »*Meinetwegen, das reicht aber nicht. Sie stimmen mir doch zu, dass man das noch schöner machen kann?*«

Mitarbeiter: »*Ja, schöner machen kann man alles ...*«

Führungskraft: »*Können wir das so vereinbaren?*«

Mitarbeiter: »*Ich werde mir Mühe geben, es besser zu machen.*«

Führungskraft: »*Dann lassen Sie uns das gemeinsam so festhalten.*«

Das Ziel scheint erreicht. Viele Führungskräfte werden vielleicht an diesem Gespräch im ersten Augenblick nichts auszusetzen haben. Der Umgangston ist höflich, die Anweisung leidlich klar, und das Ergebnis wird festgehalten. Es gibt schließlich weit unerquicklichere und ineffektivere Dialoge zwischen Führung und Mitarbeiter. Obwohl, so die rechte Lust und Motivation scheint sich beim Mitarbeiter nicht eingestellt zu haben, oder? Und was heißt »Mühe geben«? In der Zeugnissprache ist das nicht zu Unrecht eher ein negatives Zeichen. Ebenso sollte man die Formulierung »Mühe geben« in Verabredungen strikt vermeiden, denn die Kontrolle und die Verbindlichkeit fehlen hier völlig. Gleichzeitig wird fehlender Einsatz unterstellt. Eine emotionale Störung entsteht, ohne dass die erwünschte Verhaltensänderung und ein entsprechendes Ergebnis festzustellen wären.

Nun könnte man wieder nach einem Zielvereinbarungsmuster das Ganze konkretisieren.

Wir denken jedoch, dass die Verbindlichkeit in aller Regel auch deshalb fehlt, weil der Mitarbeiter die End-Bewertung seiner Leistung bereits zu Beginn erhält, ohne seine Leistung selbst wertfrei einzuschätzen. Fazit ist, das Gespräch ist schnell vorbei und somit sicherlich zeitaufwendig »minimal« – die Folgen sind es aber bestenfalls auch! Entweder es ändert sich sehr wenig – oder der gespannte Bogen geht sogar nach hinten los.

Mögliche, ungewollte Effekte solcher knapp dem Mitarbeiter aufgedrückten Forderungen und Veränderungen können sein:

- Der Mitarbeiter lästert bei den Kollegen, dass er wieder einmal ein Ziel »aufgebrummt« bekommen hat, von dem er gar nicht weiß, wie er das nun konkret lösen soll. »Der Chef sagt, machen Sie es besser – aber ich weiß gar nicht, was besser gemacht werden soll.«

- Der Mitarbeiter hat keine klare Zielvereinbarung – oder schlimmer noch, keine klare Zielvorstellung. Er kann somit auch nur ein vermutetes Ziel erreichen. Die Chance, dass dies funktioniert, ist sehr gering. Da er den Auftrag aber offiziell angenommen hat, glaubt er in aller Regel, die Suppe auslöffeln zu müssen, wenn ihm keine deutliche Verbesserung gelingt. Letztendlich führt das dann zu Motivationsverlust und in der Folge häufig zu absinkender Leistung.

- Ein weniger demütiger Mitarbeiter hat alle Chancen, nach einem solchen Gespräch die Führungskraft im Mitarbeiterkreis als unklaren Kommunikator bloßzustellen.

Aus all den genannten Gründen steht es erheblich infrage, ob irgendeine Ergebnisverbesserung aus solchen knappen und aufgedrückten Anordnungen erreicht werden kann.

Eine Aufgabenvereinbarung nach dem Aikido-Prinzip

Lassen Sie uns also dieses Gespräch im »Aikido-Stil« der minimalen Führung wiederholen. Auch hier ist das Ziel klar. Der Mitarbeiter soll zu einer Verbesserung im Layout der geleisteten Arbeit kommen. Aber längst nicht alles ist schon vom Chef vorgegeben. Der Mitarbeiter hat Raum und Zeit, selbst den Weg mitzugestalten und seine eigenen Fähigkeiten oder auch Schwächen, Wissenslücken, Grenzen und Widerstände deutlicher zu benennen.

Der Beginn ist freundlich. Wir beginnen auf sanftem Terrain, aber wir locken den Mitarbeiter auch nicht auf eine falsche Fährte.

Im Normalfall fragen wir: »Wie geht es Ihnen!« und sind durchaus – auch innerlich teilnehmend und interessiert, wenn hier Probleme angesprochen werden.

Wir sollten es allerdings vermeiden, vertrauensvolle intimere Nachrichten anzuhören, wenn wir danach eine harte, schlimme Nachricht überbringen müssen. Hier ist die Nachricht ZUERST zu sagen (Entlassung, Abmahnung o. Ä.). Wenn der Mitarbeiter uns danach noch sein Vertrauen schenkt, ist das etwas anderes, als wenn wir ihm vorher zugehört haben, um dann sozusagen ins geöffnete Visier zu schlagen.

Nach der allgemeinen Einleitung betritt die Führungskraft das problematische Terrain und zeigt sich dabei stets beweglich, nicht starr:

Führungskraft: *»Ich habe Ihre Präsentation gerade gelesen.«*

Mitarbeiter: *»Und, wie finden Sie sie?«*

Führungskraft: *»Zuerst möchte ich von Ihnen hören, wie Sie Ihre eigene Arbeit einschätzen.«*

Mitarbeiter: *»Die war doch gut, oder? Ich habe mir viel Mühe gegeben, damit dieses Mal keine Schreibfehler auftreten!«*

Führungskraft: *»Nun, Sie haben diesmal wirklich keinen Rechtschreibfehler gemacht. Das hat mich sehr gefreut! Auch auf den Inhalt, was ja noch wichtiger ist, konnte ich mich bei Ihnen wieder verlassen. Sie sind da zuverlässig und gründlich. Meinen Sie, wir sollten sie so zum Vorstand weitergeben?«*

Mitarbeiter: *»Ich weiß nicht, das Wichtigste ist doch der Inhalt! Natürlich – sie sieht noch etwas trocken und ungehobelt aus. Das Layout müsste noch jemand machen. Hier habe ich aber nicht richtig gewusst, wie ich das Ganze aufpeppen kann!«*

Führungskraft: *»Ja, die Präsentation sollte, wie Sie es ausdrücken, aufgepeppt sein. Wie schneidet da Ihre Version bisher ab?«*

Mitarbeiter: *»So wie Sie mich fragen: nicht so gut, oder?«*

Führungskraft: *»Ich frage Sie, um zu erfahren, wie Sie selbst das Ergebnis einschätzen?«*

Mitarbeiter: *»Na ja, im Layout ist da natürlich noch einiges zu verbessern. Ich denke, Sie werden es noch bearbeiten müssen, bevor Sie das an den Vorstand geben können.«*

Führungskraft: *»Also, im Layout sehen Sie noch Verbesserungsmöglichkeiten?! Was konkret würden Sie verbessern?«*

Mitarbeiter: *»Man könnte mehr Grafiken einbauen. Vielleicht sollte man es noch etwas übersichtlicher gestalten?!«*

Führungskraft: *»Ich habe Ihre Präsentation bisher noch nicht dahingehend verbessert. Ich denke, dass Sie das selbst lösen können. Immerhin schätzen Sie ja selbst diese Präsentation im Layout noch nicht als gelungen ein. Trauen Sie sich das zu?«*

Mitarbeiter: *»Ja, das kann ich mir vorstellen. Da benötige ich aber noch Hilfe. Wenn ich ganz ehrlich sein soll: Ich kenne mich mit Grafiken nicht so gut aus.«*

Führungskraft: *»Das ist kein Beinbruch. Haben Sie Kenntnis von unseren Vorgaben im Umgang und der Anwendung von unserem neuen Grafikprogramm?«*

Mitarbeiter: *»Ja, schon, ich habe natürlich schon davon gehört, auch davon, dass wir es verwenden sollten. Aber ehrlich gesagt, im Alltag habe ich das noch nie wirklich benutzt.«*

Führungskraft: *»Wie wäre es für Sie, wenn Sie hier Unterstützung erhalten, um sich einzuarbeiten?«*

Mitarbeiter: *»Ich weiß nicht, da hat doch eh niemand Zeit, um mir das näher zu erklären.«*

Führungskraft: *»Hans Ehrlich kann Ihnen hier helfen. Er ist in der Marketingabteilung. Er kennt sich gut aus. Hier würde ich gerne noch in dieser Woche einen Übungstermin vereinbaren, dann kann er Ihnen bei der aktuellen Präsentation helfen und Ihnen gleichzeitig eine Einführung ins Layouten geben. Was meinen Sie?«*

Mitarbeiter: *»Das klingt interessant. Das würde ich schon gerne machen. Aber ich weiß nicht, ob einmalige Hilfe reicht.«*

Führungskraft: *»Da haben Sie recht. Ich werde noch zwei weitere Termine mit ihm absprechen. Sind Sie damit einverstanden?«*

Mitarbeiter: *»Ja, das finde ich gut.«*

Führungskraft: *»Und ich freue mich schon auf Ihre weitere Arbeit. Ich denke, das werden Sie gut bewältigen!«*

Vorteile des Aikido-Prinzips

Natürlich ist es kürzer und einfacher zu sagen: »Machen Sie mal!« Allerdings wird im angesprochenen Fall der erste Dialog in der Praxis den Effekt haben, dass der Mitarbeiter sich eben etwas »bemüht«. Danach kann der Vorgesetzte wie ehedem die Präsentation ansehnlich umsetzen. Erst im echten Dialog kann der Mitarbeiter offen über seine Grenzen sprechen. Er kann zugeben, mit dem Powerpoint-Programm im Sinne des Unternehmens noch nicht umgehen zu können. Er kann die angebotene Hilfestellung als Chance für die persönliche Weiterentwicklung begreifen. Ihm wurden nicht nur die Äpfel gezeigt, sondern auch verraten, wo die Leiter steht, um sie zu pflücken.

Wenn Sie jetzt einwenden, das sei nicht »minimal«, müssen Sie sich die Gegenfrage gefallen lassen: Was ist »minimaler«, als Mitarbeiter zu befähigen, die Arbeit zu erledigen, die ich selbst bisher tun musste? Wer glaubt, dass hier Befehle reichen und sich die Mühen der Anleitung spart, wird schnell merken, wie wenig er damit letztlich ausrichten kann. Allerdings wird er im Normalfall die bequeme Lösung suchen und auf seine »unfähigen« Mitarbeiter schimpfen.

Sechs Regeln für Ihre Gespräche in der Führungspraxis:

1. Ich habe Zeit.
2. Ich bennene das Problem.
3. Ich höre wirklich zu.
4. Ich stelle die richtigen Fragen.
5. Ich begleite den Mitarbeiter und stelle die nötige Unterstützung bereit.
6. Wir beschließen gemeinsam das Ziel und vor allem die verbindlichen Maßnahmen.

Wer fragt, der führt

Ein wichtiges Mittel zum »Tanz« mit den Mitarbeitern ist die richtige Frage. Es wird häufig unterschätzt, wie wichtig Fragen im Mitarbeitergespräch sind. Sie wecken die Motivation und sie führen deutlich, aber im Vergleich zu einer Anordnung weit unaggressiver. Damit rufen sie außerdem weniger Widerstandsimpulse hervor.

Wie bei einem Spaziergang betrachten Sie zusammen mit Ihrem Mitarbeiter verschiedene Aspekte der zu durchschreitenden Landschaft. Und wo Sie gemeinsam hinschauen, da müssen Sie Ihren Mitarbeiter nicht mehr mit der Nase draufstoßen«, wie es einer unserer Klienten einmal aufstöhnend formulierte.

Mit einer offenen Frage geben Sie dagegen einen Rahmen und ein Thema vor. Mit jeder gestellten Frage eröffnen Sie einen neuen Raum. Und mit den richtigen Fragen bestimmen Sie unaggressiv die gesamte Richtung des Gesprächs. Diese Kombination lässt dialogische Führung gelingen.

Denkfragen bringen zum Denken

Immer wieder erleben wir, dass Führungskräfte sich im Vorfeld wenig überlegen, welche Fragen Sie wie in einem Gespräch als Instrument verwenden möchten. Dabei lässt sich das einfach trainieren, wenn man es erlernen möchte. Voraussetzung dafür ist es zu wissen, welche Frageformen denn im Gespräch hilfreich sind und sich entsprechend vorzubereiten.

Wir unterscheiden z. B. Fragen, die dem Fragesteller einen Nutzen stiften, und Fragen, die wir gerne als Denkfragen bezeichnen. Wenn ich einen Mitarbeiter frage: »Woran arbeiten Sie gerade?«, bringt das nur mir als Führungskraft eine Information. »Was an Ihrer momentanen Aufgabe macht Ihnen Spaß und auf was könnten Sie gerne verzichten?« ist dagegen eine Frage, mit der Sie auch Ihre Mitarbeiter zum konzentrierten Nachdenken und Bewerten der eigenen Tätigkeit einladen. Auf die erste Frageform wird ein Mitarbeiter meist rasch eine Antwort zur

Hand haben, bei Denkfragen wird er zuerst nachdenken und überlegen müssen – was für manche Mitarbeiter bezüglich der Arbeitshaltung in ihrem Unternehmen eine neue und gesunde Erfahrung sein kann.

Hypothetische Fragen beginnen häufig mit »Angenommen ...« und haben den Vorteil, dass man Gesprächspartner gedanklich etwas ausprobieren lässt. Nehmen wir an, ein Mitarbeiter ist sehr genau in der Abarbeitung, aber auch sehr langsam. Wenn Sie Ihn auffordern, schneller zu arbeiten, argumentiert er immer, das würde zulasten der Qualität gehen, denn wenn er schneller ist – passieren auch Fehler und das widerstrebt seinen Qualitätsgrundsätzen. Hier kann es sehr hilfreich sein, wenn Sie fragen: »Angenommen Sie könnten sehr genau und gleichzeitig schneller arbeiten, wäre das für Sie ein positives Ziel?« Und: »Wenn ja, was muss passieren ...?«

Die Führungskraft stellt hier die Lösung als Hypothese dar und der Gefragte kann die Situation von der Lösung her betrachten. Die hypothetische Frage ist sehr hilfreich für lösungsorientierte Dialoge im Führungsalltag.

Auch hilfreich sind Skalen-Fragen. Hier können Sie Unterschiede abholen, knapp und auf den Punkt!

Die allgemeine Frage »Wie läuft es im Team?« wird zwar häufig ausschweifend beantwortet, manchmal wissen Sie dann aber immer noch nicht genau, wie gut es wirklich läuft. Wenn Sie als Führungskraft die Frage stellen: »Auf einer Skala von 1–10, wie gut läuft es derzeit im Team, wenn 1 für schlecht und die 10 für super steht?«, erhalten Sie eine kurze Antwort, die aber sehr aussagekräftig ist. Hier können Sie auch gerne differenzieren: Wie gut geht es voran? Wie zufrieden sind Sie mit dem Erreichten, wenn Sie abends nach Hause gehen?

Auch erweiternde Fragen haben eine wichtige Funktion, gerade für Gesprächspartner, die sehr gerne im Detail »baden«. Wichtig ist hier nur darauf zu achten, wie ich mit einer Frage thematisch eine Ebene höher komme. Umgekehrt ist es auch oft notwendig, präzisierende Fragen zu stellen, um vom allgemeinen Bereich spezifisch dort zu vertiefen, wo ich Bedarf sehe. Ein Beispiel hierfür könnte sein: »Wie genau möchten Sie in der nächsten Woche Ihr tägliches Zeitmanagement optimieren? Woran werde ich es merken?«

Suggestive Fragen, also Fragen bei denen Sie andere bereits mit der Frage in eine erwünschte Richtung lenken, können Sie sich getrost sparen. »Sie sind doch auch der Meinung, dass wir die Qualität erhöhen müssen, oder?« ist ein typisches Beispiel für eine solche Frage. Sollte der Gesprächspartner Ihrer Meinung sein, hätten Sie die Frage auch offen formulieren können und wenn der andere nicht zustimmt, eskaliert dieser Dialog unnötig.

Sie sehen, das Führen durch Fragen hat den großen Vorteil, dass Sie Widerstände und Zweifel erkennen können, bevor diese groß und hinderlich geworden sind. Anordnungen und Befehlen muss ich mich explizit verweigern. Bei Fragen kann ich Bedenken äußern, Begeisterung oder Zweifel anmelden, ohne mich durch diese Äußerung in direkte Konfrontation oder Verpflichtung zu begeben. Das heißt, auch Ihr Mitarbeiter hat weniger Angst, Bedenken zu formulieren, Grenzen zu zeigen oder Vorschläge zu machen.

Klare Rahmen, vielfältige Möglichkeiten

Können Sie sich noch an das Ostereiersuchen in Ihrer Kindheit erinnern? Der Rahmen war vorgegeben: »Lauft nicht auf die Straße. Der Osterhase hat die Nester im Garten versteckt!« Es brauchte keinen Befehl, es brauchte keine Drohung, ja es entbehrte jeder Logik. Aber es herrschte das Vertrauen, dass Sie innerhalb des gesetzten Rahmens zu einer Lösung kommen konnten, die machbar war – und in diesem Fall sogar angenehm.

Es sind nicht immer Ostereier zu finden. Und nicht jedes Ergebnis ist so lecker. Aber wenn ich selbst motiviert werde zu suchen, kann ich leichter die Lösungen finden und auch bejahen, die sich mir im gesetzten Rahmen anbieten. Dies geht bis zum aus der Kommunikationsforschung bekannten Trick der Alternativen. Wenn wir selbst zwischen Möglichkeiten wählen können, fällt es uns erstens leichter, den vorgegebenen Rahmen zu akzeptieren. Und zweitens ist das Gefühl, selbst entscheiden und wählen zu können ein Bonbon für jede Arbeitnehmerseele. Dabei sollten die Möglichkeiten nicht aus einem tragischen Sortiment im Sinne von Pest oder Cholera bestehen. Jede Mutter weiß aber, dass sie den Kindern nicht Obst oder Schokolade, sondern Birnen und Äpfel anbieten muss, wenn Sie möchte, dass Obst gegessen wird. Und am besten nimmt sie sich dann die Zeit, setzt sich zusammen mit den Kindern hin und schnippelt aus den besten Alternativen einen vitaminreichen »effektiven« Obstsalat.

Als Führungskraft im Dialog ist es nicht anders. Geben Sie den Rahmen vor, aber lassen Sie Alternativen zu, wo Mitarbeiter frei wählen können.

Wir haben eine global tätige Unternehmensberatung begleitet und dort ein Beispiel für diese Art der Motivation durch Handlungsalternativen erlebt: Man war in dieser Branche gewohnt, dass es immer mehr Aufträge gegeben hatte, als man bedienen konnte. Als sich durch die weltweiten Marktveränderungen die Lage plötzlich veränderte, galt es rasch zu reagieren. Erstmals in der Geschichte des Unternehmens musste aktiv um neue Kunden geworben werden.

Der Verantwortliche hatte zwar als Profi bereits eine konkrete Vorstellung darüber, was seine Bereichsleiter nun konkret tun müssten, aber er wählte einen anderen Weg. Er berief ein Meeting ein, um Maßnahmen gemeinsam mit Ihnen zu erarbeiten. Der Rahmen war mit dem Motto »Wie können wir unsere aktive Kundenansprache verbessern?« klar definiert. Aber er überließ es seinen Mitarbeitern, ihre eigenen Ideen einzubringen. Damit war eine hohe Akzeptanz für die Umsetzung der dort entwickelten Maßnahmen gesichert. Neben den Ideen, die er sich vorher schon selbst überlegt hatte, fanden die Mitarbeiter noch weitere kreative Wege der Kundenansprache. So war nicht nur die Akzeptanz des neuen Vorgehens gelungen. Auch die Motivation und die Qualität der Arbeit hatten sich durch das Meeting gesteigert.

Manche Kinder mäkeln im Restaurant an den delikatesten Speisen. Aber die verkochte Gemüsesuppe wird lobend gegessen, solange sie selbst beim Kochen aktiv dabei waren! Uns Erwachsenen geht es nicht anders. Je größer unsere Beteiligung, desto wohlwollender ist unsere Bereitschaft, sich auf getroffene Entscheidungen mit ganzem Herzen einzulassen.

Lob motiviert, Superlative sättigen

Loben Sie! Es gab einmal diesen Autoaufkleber »Haben Sie Ihr Kind heute schon gelobt?« Wir wollen hier keinen Ratgeber über zu sparsames oder inflationäres Loben bei Kindern ausgeben. Und es ist sicher nicht so, dass jeder Mitarbeiter jeden Tag ein positives explizites Lob hören sollte. Aber schenken Sie gerne eine freundliche allgemeine Wertschätzung im höflichen, respektvollen Umgangston.

Wenn es angebracht ist, scheuen Sie auch nicht ein gut platziertes ausführliches Loben. Eine konkrete positive und explizite Anerkennung einer guten Leistung hat hohen Motivationscharakter.

Dabei sollte das Lob ein Lob sein – ohne Hintergedanken. Es fördert den Neid und die Missgunst, einen Mitarbeiter vor anderen in einer Art zu loben, die diese gering schätzt und indirekt tadelt. Die zurückgesetzten Angestellten fühlen sich dann gedemütigt. Wer im Großraumbüro laut ruft: »Das haben Sie besser hingekriegt, als all Ihre Kollegen hier!«, kann dem gelobten Mitarbeiter den direkten Weg zum Außenseiter ebnen. Schlimmstenfalls sogar zu Mobbing oder missgünstigen bösen Gerüchten gegenüber »dem Liebling vom Chef«!

Ihre Anerkennung hat dann die höchste Motivationskraft, wenn sie Aufmerksamkeit zeigt, eindeutig verstanden wird, nicht auf Kosten anderer platziert ist und Superlative meidet. Superlative sättigen, statt anzuspornen. Und selbst ein Weltrekord beschreibt nur den bisher weitesten Sprung. Eine Steigerung ist immer möglich und anzustreben. Daher gehören Superlative im Prinzip der minimalen Führung ans Grab oder zumindest zur Verabschiedung in den Ruhestand: »Sie waren unser bester Koch.« Der Verabschiedete muss sich nicht mehr steigern. Und keiner verbietet den anwesenden Mitarbeitern, diese Leistung in den nächsten Jahren zu toppen.

Nichts versprechen, was man nicht halten kann – das halten, was man versprochen hat

Manche Verletzung, Unzufriedenheit, mancher Motivationsverlust beruht auf angeblichen oder tatsächlichen Enttäuschungen, die der Mitarbeiter im Umgang mit seinem Vorgesetzten erfahren hat. Wenn Sie das Gefühl haben, der Mitarbeiter will z. B. eine explizite Rückendeckung, Ihre Solidarität oder eine Vergünstigung auch gegenüber Kollegen, Kunden oder einer anderen Abteilung, ermahnen wir Sie eindringlich: Versprechen Sie nichts, was Sie nicht halten wollen oder können! Und wenn es eine heikle Angelegenheit ist, die der Eindeutigkeit und der schriftlichen Fixierung bedarf, scheuen Sie sich nicht vor konsequentem Verhalten. Wenn Sie dem Mitarbeiter den Rücken stärken wollen, dann tun Sie dies explizit. Er wird mit Ihrem Plazet offensiver und gestärkt in den konkreten Konflikt treten. Wenn Sie dann aber umfallen und um des lieben Friedens willen Ihre Meinung ändern, wird das als Untreue und Verrat begriffen. Besonders wenn der Mitarbeiter ohne das Versprechen Ihrer Rückendeckung gar nicht so deutlich und mutig in den betreffenden Konflikt eingetreten wäre.

Manchmal geraten Vorgesetzte in die Versuchung, mit Ihren direkten Vertretern das Spiel »Guter Bulle – böser Bulle« zu spielen. Der Zweite muss sanktionieren, abwehren, durchsetzen, damit der Chef unbescholten vermitteln und Frieden stiften kann. Gerade wenn die Stellvertretung im Auftrag der Führungskraft »zubeißen« musste, sollten wir alles vermeiden, was die Vizeposition sabotiert. Ein Stellvertreter, der sich verraten und im Stich gelassen fühlt, wird nicht zu Unrecht ein gefürchteter Gegner.

Das klingt einfach! Im Alltag werden Sie wissen, wie viele Fallstricke Mitarbeiter auslegen können, um Sie auf ihre Seite zu ziehen. Haben Sie ein offenes Ohr – aber vermeiden Sie jede voreilige Parteinahme. Im Teamteil werden wir zeigen, dass es für den Vorgesetzten am besten ist, den Konflikt da lösen zu lassen, wo er besteht. Und das ist häufiger, als man gemeinhin denkt, gar nicht zwischen dem Chef und den Mitarbeitern, sondern zwischen Mitarbeitern eines oder verschiedener Teams.

Das bedeutet im Konkreten: Einen Mitarbeiterkonflikt lösen am besten die Mitarbeiter. Wird die Chefin einbezogen, ergreift der Vorgesetzte Partei, so kann es sein, dass sich auch der Konflikt vergrößert. Zumindest wird die Führungskraft nun Teil des Konfliktes. Wenn dies nicht unabdingbar ist, sollte man es vermeiden!

Versprechen sollten Sie Ihren Mitarbeitern allerdings größtmögliche Solidarität und Verständnis bei entschuldbaren Fehlern nach außen, gegenüber Kunden und anderen Abteilungen. Meist reagiert ein Mitarbeiter sehr dankbar und einsatzfreudig, wenn Sie für ihn auch mal den Buckel hinhalten.

Ergebnisse werden vom Mitarbeiter protokolliert

Die Ergebnisse, Aufgaben und eventuelle Termine eines Feedback- oder auch Aufgaben-Gespräches werden protokolliert. Am besten ist es hier nach unserer Erfahrung, wenn der Mitarbeiter selbst das Ergebnisprotokoll führt. Anschließend lässt er es von der Leitung gegenzeichnen. Hier sollten Sie dann Korrekturen einbringen, wenn das Protokoll in Ihren Augen nicht dem Gesprächsverlauf entspricht.

Wenn Sie es in dieser Weise handhaben, können Sie gleich überprüfen, ob das, was Sie meinten, verabredet zu haben, auch bei Ihrem Mitarbeiter in allen Bereichen in der gleichen Weise angekommen ist. Und der Mitarbeiter schreibt sich sozusagen selbst seine Aufgaben ins Protokoll. Das ist für die innere Motivation immer ansprechender als das Akzeptieren vorgegebener Anordnungen – schon durch die selbst gefundene Formulierung.

Tadeln, nicht verletzen

Positive Kritik macht uns zugänglich und offen. Ein Tadel, eine negative Einschätzung unserer Leistung ruft zunächst Abwehr, Unmut und Distanz hervor. Je sachlicher eine Kritik ist – und je sachlicher sie vorgetragen wird, desto leichter ist es dann, diese anzunehmen. Nicht die Person ist schlecht! Dieser Brief war sachlich missverständlich. Diese Absprache wurde nicht eingehalten. Es ist wichtig, die Arbeitszeiten auszuschöpfen, usw. Das alles kann viel leichter angenommen, gehört, akzeptiert – und damit auch verändert werden als personalisierende Schuldzuweisungen: »Sie können anscheinend keine anständigen Briefe schreiben! Sie sind wirklich eine unzuverlässige Person. Gibt's bei Ihnen zu Hause keine Uhren, keine Türen, kein Löschblatt!«

Auch ein Tadel ist eine Form der Zuwendung. Aus der Pädagogik kennen wir den paradoxen Effekt, dass sich gerade isolierte, ungeborgene fühlende Jungen und Mädchen nach jeder Art von Zuwendung sehnen können. Da sie nicht wissen, wie sie im Bereich positiver Wertschätzung mit den guten Schülern, den Lieblingen des Lehrkörpers mithalten können, besorgen sie sich in negativer Form die Aufmerksamkeit der Pädagogen. Auch unter den Erwachsenen gibt es Personen, die ihr negatives Image zu genießen scheinen.

Hier sollten Sie darauf achten, dass das Versagen Ihres Mitarbeiters nicht mit Aufmerksamkeit belohnt werden muss. Zeigen Sie den Tadel so knapp und so konsequent wie möglich. Statt sich wiederholt zu ärgern und sich »kümmern« zu müssen, ist es erfolgreicher, deutlich Bedingungen für ein weiteres Miteinander zu benennen. Der Mitarbeiter muss merken, dass sich sein Fehlverhalten nicht lohnt, sondern zeitnah und mit Konsequenzen getadelt wird.

Und bestrafen Sie sich nicht selbst durch jede Art von gemeinsamem Nachsitzen! Eine Abteilungsleiterin klagte über die Vielzahl von Überstunden, die sie ihre offiziell halbe Stelle kostete. Im Gespräch stellte sich heraus, dass sie täglich fast eine halbe Stunde allein damit verbrachte, einer leistungsschwachen und psychisch problematischen Mitarbeiterin bei den einfachsten Aufträgen Hilfestellung und Lehrerin zu sein.

Da ist es lohnender, die Zeiten und Bereiche, in denen der Mitarbeiter leistungsstark ist und gut arbeitet, durch ein konkretes Lob zu potenzieren.

Die wichtige Aufgabe der schwachen Mitarbeiter

Jeder hat in seinem Team einen leistungsschwachen Mitarbeiter. Es ist der leistungsschwächste Mitarbeiter in der sogenannten Teamklasse. Selbst eine militärische Eliteeinheit, die Managementspitze eines internationalen Unternehmens, Spitzenklubs des europäischen Fußballs – sie alle haben den oder die schwächsten Mitarbeiter. Was nicht ausschließt, dass sich andere Erstligavereine die Finger nach der Ersatzbank eines Spitzenklubs lecken.

Trennt man sich nun von dem schwächsten Mitarbeiter, um dadurch die Leistung des Teams zu steigern, passiert in der Regel zunächst einmal nur Folgendes:

- Dieser Mitarbeiter fehlt, also fehlt auch die schwache Leistung im Gesamtergebnis,
- der zweitschwächste wird nun zum schwächsten Mitarbeiter, d. h., ein neues schwarzes Schaf entsteht.

Die sogenannten schwarzen Schafe erfüllen eine wichtige Funktion in ihrem Unternehmen. Ihre Leistung besteht in gewisser Weise gerade darin, nicht so viel hinzubekommen wie die leistungsstärkeren Mitarbeiter und damit der Nachsicht der anderen zu bedürfen. Leider sind wir Menschen so, dass uns der »Blick nach unten« im eigenen Selbstwertgefühl aufbaut. Und so werden Sie bedauernd feststellen, dass sich, auch wenn das ehemalige »schwarze Schaf« endlich in den Ruhestand tritt, innerhalb der Mitarbeiter nach einigen Wochen ein neuer zu betreuender Problemfall entwickelt.

Wenn Sie sich diese Sichtweise auf Ihren problematischsten Mitarbeiter angewöhnen, gewinnen Sie zwei Dinge: erstens eine positive Wertschätzung dafür, dass dieser Mensch in Ihrem Unternehmen die undankbare Rolle des Verlierers ertragen muss und erträgt. Und zweitens, dass Sie dies nicht mit aller Kraft ändern können und müssen!

Wenn möglich, nehmen Sie ihn hin und glauben Sie dennoch an die Verbesserung. Fördern Sie ihn so viel, dass er weiß: Sie sind an einer Leistungssteigerung interessiert. Aber quälen Sie sich und ihn nicht, indem Sie von ihm etwas fordern, was er aufgrund des eigenen Potenzials nicht schaffen wird. Schätzen Sie seine wichtige Funktion in Ihrem Team als Schwächster.

Allerdings sollten Sie verhindern, dass aus dem »schwarzen Schaf« ein schmarotzendes »Schwarzes Loch« wird.

So wichtig und richtig es ist, wenn Sie Ihre Mitarbeiter zu gegenseitiger Hilfe, zu Solidarität und engagiertem Miteinander ermutigen, unterschätzen Sie nicht den Sog eines »Schwarzen Lochs«.

Manchmal gelingt es z. B. einem alkoholkranken oder psychisch schwer angeschlagenen Menschen eine große Menge an Energie von weiteren Mitarbeitern zu bündeln und aufzuzehren. Diese starten dann wechselweise mit hoher Ausdauer Erziehungshilfen und Betreuungsmaßnahmen. Manchmal sind sogar Leitungspersonen bereit, einen hohen Anteil ihrer Zeit und auch ihrer guten Mitarbeiter in einen solchen Problemfall zu investieren. Wir wollen nicht missverstanden werden. Lassen Sie Ihr »schwarzes Schaf«, wenn irgend möglich und soweit es tragbar ist, mitlaufen. Aber verhindern Sie, dass andere Mitarbeiter darunter leiden oder dass es in hohem Maße Energien der anderen »verschluckt«! In schwierigen Fällen werden Sie auch um eine Trennung nicht herumkommen!

Es ist nach unserer bisherigen Erfahrung weitaus effektiver, die Starken zu stärken und zu fördern. Den schwachen Mitarbeiter integrieren Sie wohlwollend und nutzen seine vorhandenen Fähigkeiten soweit möglich.

Der zweifelhafte Sündenbockeffekt

Allerdings lohnt es sich, zwischen dem schwachen Mitarbeiter und dem Sündenbock unter Ihren Mitarbeitern zu unterscheiden. Schützen Sie Ihre Mitarbeiter vor Mobbing!

Seit alters her ist die reinigende Wirkung des Sündenbockrituals bekannt. Im alten Israel lud man symbolisch einem Bock die Schuld des ganzen Volkes auf und jagte ihn in die Wüste. Abgesehen von Einwänden aus der Perspektive des Tierschutzes hatte dieses Vorgehen zweifellos eine hohe therapeutische Funktion, denn alle Angehörigen des Volksstammes konnten sich nun dank des armen Tieres ohne alte Schuldzuweisungen wieder gegenübertreten.

Im heutigen Sprachgebrauch ist der Sündenbock allerdings meistens ein menschliches Opfer. Und die Wüste ist dann das Abstellgleis innerhalb der Firma. Hier fehlt die reinigende Wirkung – »Der Schuldige bleibt!« –, und vor allem fehlt die bewusste Symbolik der ursprünglichen Handlung. Die Alten in Israel wussten, dass der Bock nicht seine, sondern ihre eigenen Sünden zu tragen hatte. (Dieses Bewusstsein leuchtet bei den heutigen Sündenbockritualen nur noch gelegentlich auf, wenn etwa ein Staatssekretär oder ein anderer hoher politischer Beamter bereitwillig zurücktritt und eigenes Versagen einräumt, während die Presse ausführlich darüber redet, dass er so den Hals seiner Vorgesetzten rettet.)

Lassen Sie nicht zu, dass Fehler, statt gelöst und verarbeitet zu werden, auf die Schultern des schwächsten Mitarbeiters gelegt werden und sich damit scheinbar erledigen.

Und wenn nun ein Fehler passiert? Soll die Schuldfrage dann nicht wichtig sein?

Der offene Umgang mit Fehlern

Lassen Sie uns eine Geschichte erzählen, die uns bei einem Meeting mit den Führungskräften eines Produktionsunternehmens widerfahren ist. Die Sekretärin stürmte herein, und es brach laut aus ihr hervor: »Die Produktion ist ausgefallen! Seit sieben Minuten stehen alle Maschinen still! Was sollen wir tun?« Der Chef brüllte spontan in die Runde: »Ich will sofort wissen, wer das schon wieder verbockt hat?« Die Sekretärin fragte: »Was sollen wir denn jetzt machen?« Und er polterte wieder los: »Bringt mir sofort den, der für dieses Chaos verantwortlich ist!«

Dieser Chef demonstrierte im Angesicht eines Problems vor versammelter Führungsmannschaft die Lösung: Suche den Schuldigen! Passiert etwas Schwieriges, gilt es, den Schuldigen zu suchen und zu bestrafen! Das ist das Dringlichste!

Offensichtlich wurde von diesem Vorgesetzten nicht bedacht, welches Fehler-Verhalten sich in einem solchen Unternehmen entwickeln muss: »Mache möglichst keinen Fehler! Vertusche die Fehler, die du machst, solange du kannst! Und wenn sie offensichtlich werden, dann sorge dafür, dass ein anderer die Schuld dafür bekommt!«

Statt das Problem, zum Beispiel den eklatant häufigen Stillstand der Maschinen in diesem Unternehmen, zu suchen und zu lösen, wird hier ein Opfer gesucht.

Die Kultur – oder auch Unkultur – in einem Unternehmen zeigt sich nach unserer Überzeugung in erheblichem Maße daran, ob Fehler bekannt, angegangen und gelöst, oder ob sie vermieden, vertuscht und vorgeworfen werden. Es ist erstaunlich, wie viele Ressourcen in opfersuchenden Leitungsstilen für Aufdeckung und Diffamierung bzw. in den unteren Ebenen zur Vertuschung und möglichst großer Verantwortungslosigkeit verbraucht werden.

Wir haben dem betreffenden Chef nach dem Meeting im Einzelgespräch sein Verhalten gespiegelt. Er war überrascht und betroffen. Eigentlich, so meinte er, sei ihm doch nur die Hutschnur geplatzt, und er habe nicht gewusst, wohin mit seiner Wut. Dass er mit diesem spontanen Ausbruch Angst unter seinen Mitarbeiter sät, dass er Ehrlichkeit und Offenheit bei Fehlern so verhindert, war ihm gar nicht bewusst. Auch dass es weder menschlich korrekt noch der Firma zuträglich ist, wenn er, statt sich um das Wiederanlaufen der Maschinen zu sorgen, darum kümmert, welchen Mitarbeiter er zur »Minna« machen kann, hat er relativ erschrocken verstanden. Lehrreich kam uns hier auch zu Hilfe, dass es in diesem Fall ein Spannungsschaden in der Elektrik der Steuerungs-EDV war. Es gab den Sündenbock gar nicht, den er so gerne mit seiner Wut beladen hätte.

Im nächsten Meeting mit seinen Mitarbeitern sprach dieser Chef seinen eigenen Wutausbruch offen an. Dadurch, dass er selbst zugab, nicht richtig gehandelt zu haben, wurde erstmals im Führungskreis offen über die Fehlerkultur in diesem Unternehmen diskutiert.

Diese Offenheit kann verändern. Sie lässt Fehler sehen und trägt dazu bei, diese zu vermeiden, statt zu vertuschen. Das Unternehmen zu verbessern, statt einzelne Mitarbeiter stellvertretend zu bestrafen, sollte unser Ziel sein!

Verbessern Sie auch in Ihrem Unternehmen die Fehlerkultur, wenn nötig. Geben Sie Ihre Fehler zu, ohne sich dabei kleinzumachen. Und betonen Sie Veränderung, Verbesserung statt Schuld und Strafe.

Sorgen Sie auch dafür, dass die Mitarbeiter Fehler nicht vordringlich vertuschen oder anderen in die Schuhe schieben, sondern bearbeiten und beheben.

Manchmal sind es hohe, unschätzbare Werte, die verloren gehen, weil ein einzelner Mitarbeiter nicht den Schneid hatte, auf ein verlorenes Kabel, eine vergessene Sicherung, eine schlampige Dichtung, eine fehlerhafte Rechnung hinzuweisen. Viele der Hollywood-Katastrophenfilme bauen nicht zu Unrecht auf einem kleinen, belanglosen – und dann vertuschten – Fehler am Anfang des Plots auf.

Es geht hier also bei dem Wort Fehlerkultur nicht um ein Erlauben von Fehlern. Stellen Sie sich vor, Sie sind in einer Firma, die den Bau von Antriebsdüsen für Airbusflugzeuge sicherstellt. Es wäre sicher fatal, hier eine Fehlerquote nach dem Motto »Das kann halt passieren ...« zuzulassen.

Aber belohnen Sie die schnelle Meldung von Fehlern und die offensive Lösungssuche. Das ist eine gesunde Fehlerkultur im Sinne des Prinzips der minimalen Führung.

Das Problem der inoffiziellen Führerschaft

Ein Anlass für große Unzufriedenheit unter den Mitarbeitern ist auch eine Führungskraft, die sich von Einzelnen führen und beherrschen lässt. Es gibt wenige Dinge, die für ein Team so entmutigend sind, wie ein Chef, der sich von einem seiner Angestellten auf der Nase herumtanzen lässt.

Ein Lehrerkollegium hatte sich in stundenlangen Konferenzen auf ein gemeinsames konsequentes Vorgehen gegenüber einigen volljährigen Schulschwänzern geeinigt. Und doch gelang es der Sekretärin, die mit einem der zu sanktionierenden Schüler verwandt war, die Direktorin umzustimmen. Sie suchte Situationen, in denen sich diese durch andere Umstände wie Unterrichtsbeginn, Krankmeldungen und mangelnde Vertretungen schon hinreichend unter Druck sah. Und wie ein steter Tropfen höhlte sie mit Argumenten, mit Vermutungen, Befürchtungen und vor allem mit dauernden Störungen das ohnehin geschädigte Nervenkostüm der Vorgesetzten. Diese fiel um, der Beschluss wurde sozusagen unter Umgehung aller Kollegen gekippt. Sie versprach der insistierenden Sekretärin eine individuelle und letztlich zahnlose Besprechung jedes Einzelfalls. Die Sekretärin belohnte sie mit süßem Lächeln und einem duftenden Kaffee. Die Kollegen unter der Lehrerschaft allerdings spalteten sich in die Mitleid- und die Verachtungsfraktion. Vor allem war das Kollegium ab diesem Zeitpunkt gelähmt, denn keiner wollte mehr irgendeinen Beschluss fassen und dafür geradestehen, nachdem ihnen die eigene Vorgesetzte so in den Rücken gefallen war. Auf die Schwierigkeiten, welche die einzelnen Kollegen nach diesem Umfallen der Direktorin nun mit einzelnen der »erwachsenen« Schulschwänzer und Unterrichtssaboteure im Unterricht hatten, muss an dieser Stelle nicht weiter eingegangen werden.

In einem anderen Fall lag die Macht eines Konzernchefs eigentlich in dessen Vorzimmer. Denn die Dame dort vergab Termine nach eigenem Gutdünken. Ob jemand telefonisch durchgestellt wurde, lag an dessen Wert in den Augen der Vorzimmerdame. Es dauerte ein halbes Jahr, bis dieser Chef gemerkt hatte, dass er durch sein eigenes Sekretariat von einer großen Anzahl relevanter Informationen abgeschnitten worden war. Denn natürlich hatten auch die Mitarbeiter das telefonische »Der Chef hat für Ihr Anliegen keine Zeit!« je nach Typ als persönliche Zurücksetzung oder als Ermutigung zu eigenmächtigen Entscheidungen interpretiert, nicht als voreilige Anmaßung des Sekretariats.

Als weiteres Beispiel wurde ein Vorgesetzter von seinem Sekretär gerade in hektischen Momenten mit scheinbar banalen Fragen belegt. »Wenn Frau X hier bleibt, kann ich doch nächste Woche freimachen, oder?« – Das Nicken wurde dann weitergegeben: »Der Chef hat gesagt, dass Sie nächste Woche den Dienst übernehmen sollen, da ich nicht da bin!«

Solche halbverdeckten Führerschaften sind nicht selten. Noch häufiger begegnet uns allerdings die Herrschaft durch persönliches problematisches Verhalten, durch penetrante schlechte Laune oder durch subtile Sabotage. Wer bittet schon gerne höflich um einen Dienst, wenn ein genervtes »Wenn es denn unbedingt sein muss!« zurückschallt. Plötzliche gesundheitliche Attacken, gehäufte Vergesslichkeit bei wichtigen Terminen und Ähnliches sind berüchtigte Waffen inoffizieller Führungskräfte.

Falls Sie sich auch in der Lage sehen, dass Sie bei einem Mitarbeiter erst dreimal vor dem Zimmer auf und ab schleichen und sich überlegen, wie Sie einen eigentlich ganz normalen Auftrag so formulieren, dass es dem gnädigen Herrn oder der erlauchten Dame auch genehm sein kann, – dann wachen Sie bitte auf!

Häufig sind es gerade Personen aus den untergeordneten Ebenen wie Hausmeister, Sekretärin oder Reinigungskraft, die durch Schlüsselgewalt oder die persönliche Nähe zum Vorgesetzten zu inoffiziellen Herrschern werden. Dem können Sie präventiv begegnen, indem Sie wohlwollend und anerkennend den nicht einfachen Dienst dieser Mitarbeiter honorieren.

Wer täglich ertragen muss, dass dreckige Schuhe über den gerade eben mühsam geputzten Boden trampeln, braucht schon ein wenig Balsam für die Seele, wenn er auch noch die Reinigung für den Extratermin nach Feierabend übernehmen soll.

Die Bedeutung dieser Berufe für das Funktionieren des gesamten Unternehmens wird häufig unterschätzt. Zeigen Sie Ihre Wertschätzung anerkennend und ohne Herablassung.

Aber seien Sie wachsam gegen inoffiziellen Führungsanspruch und »versehentliche« Sabotagen!

Im Einzelfall ist es notwendig, gut über die konkreten Aufgaben und Tätigkeiten Ihrer Mitarbeiter informiert zu sein. Wenn Sie grundsätzlich eine Notiz über alle eingegangenen Anrufe anfertigen lassen, kann z. B. Ihr Vorzimmer nicht in eigener Selbstherrlichkeit filtern, bzw. Sie können es schnell erkennen und abstellen.

Grundsätzlich gilt, je näher Sie dem Mitarbeiter sind, desto mehr Informationen erhalten Sie über Fähigkeiten, Grenzen oder auch Grenzüberschreitungen in seiner Arbeitsweise.

Hier gilt es, inoffizielle Führerschaft möglichst erst gar nicht entstehen zu lassen. Klare Regeln helfen, das Entstehen bzw. vor allem das Ausbreiten inoffizieller Führerschaft zu verhindern.

Kleiner Exkurs: Wie »führe« ich meinen Chef?

Vielleicht gehören Sie auch zu denen, die mit der Arbeit, ja sogar mit Ihren Mitarbeitern oder dem Team mehr oder weniger gut zurechtkommen. Aber der eigene Chef ist nun mal eine Katastrophe. Da hat man das Team motiviert, da hat man die angeordnete Umstellung schmerzlich vollzogen – und statt für die Knochen- und Nervenarbeit ein dickes Lob zu kassieren, wird von oben zum Rückzug geblasen. Jede gewonnene Schlacht erweist sich als Pyrrhussieg, weil der Chef wieder einmal die Route geändert hat.

Oder Sie haben eine gute Idee, ein neues Ordnungssystem oder auch nur eine kleine Reform vorgeschlagen. Sie haben Monate investiert, nachts davon geträumt, wie Sie etwas verbessern, verändern könnten. Und der liebe Chef hört nicht mal zu, beziehungsweise stellt Sie noch als unqualifizierten Spinner dar.

Vielleicht tröstet Sie Folgendes: Nach einer Umfrage gelten Schwierigkeiten mit dem Vorgesetzten als Motivationskiller Nummer eins. Sie sind nicht allein!

Und wenn es Sie auch nur geringfügig trösten kann, dass der Ärger mit Ihrer Führungskraft nicht Ihr individuelles Problem ist, sondern sozusagen seuchenartig durch die Betriebe geht, so wird Sie die nächste Aussage vielleicht richtig wütend machen: Der Ärger mit »oben« ist in der großen Mehrheit der Fälle ein schlichtes Kommunikationsproblem!

Nicht das WAS, sondern das WIE Ihres Auftretens ist wahrscheinlich der Grund, warum Sie bei Ihrer Chefin, Ihrem Vorgesetzten immer wieder das Gefühl haben, Perlen vor die Säue zu werfen.

Wir haben es schon häufig erlebt, dass bereits kleine Änderungen in der Art und Weise, wie Sie dem jeweiligen Vorgesetzten begegnen, äußerst erfolgreich oder mindestens relativ befriedigend verlaufen. Und zwar sagen wir hier deutlich, dass bereits eine kleine Variante im Kommunikationsstil des Mitarbeiters diese Veränderung provozieren kann.

Das basiert allerdings auf zwei ganz wesentlichen Voraussetzungen. Erstens, – und das fällt, wenn man sich richtig eingeschossen hat, besonders schwer – man muss den eigenen Anteil an der schiefgelaufenen Kommunikation erkennen und bereit sein, dafür Verantwortung zu übernehmen. Und zweitens: Man muss zu einer wirklichen Verhaltensänderung bereit sein. Das soll kein existenzieller Wandel sein, aber es ist in der Mehrheit der Fälle mehr als eine rein oberflächliche Kosmetik der Umgangsformen.

Wenn Sie – auch als Führungskraft – Einfluss auf Ihren Vorgesetzten nehmen wollen, müssen Sie sich für dessen Wertesystem interessieren. Sie müssen sich Zeit nehmen, um herauszukriegen, wie Ihr Chef »tickt«, was Ihrer Vorgesetzten wichtig ist.

Natürlich gehen Sie nicht in verwaschenen Shorts auf die Bank, wenn Sie über eine Stundung von Krediten verhandeln wollen. Und selbstverständlich kommt die hässliche chinesische Vase der Schwiegermutter auf den Tisch, wenn diese ihren Besuch ankündigt. Sie können sie auch – bedauerlicherweise – aus Versehen zerbrochen haben. Aber Sie sollten das kostbare Stück auf keinen Fall als Behälter für Hygienemüll in der Gästetoilette deponieren.

Sie werden nichts verändern, wenn Sie innerlich nicht den Satz sagen können: »Ja, Sie sind mein Chef und ich respektiere Sie!«

Ohne wirklichen Respekt wird Ihre Führungskraft Sie zu Recht abblitzen lassen. Schließlich werden auch Sie mit einem Mitarbeiter, der Ihnen keinen Respekt zollt, nicht kooperativ und wohlwollend umgehen!

Einem Menschen, der sich als Chef perfektionistisch um die kleinsten Details kümmert und mit großer Sorge auf jedwede Veränderung reagiert, machen Sie Angst, wenn Sie mit kühnen Pinselstrichen den neuen, großartigen Entwurf offensiv skizzieren. Hier ist es wichtig, wenn Sie die Sorge um die Details teilen und zeigen, dass Sie die neuen Ideen auch gewissenhaft, vorsichtig und mit steter Kontrolle durchführen könnten. Wahrscheinlich ist es hier hilfreich, erst einmal in den Gebieten, die Ihrem Chef wichtig sind, Detailkenntnis und besondere Sorgfalt zu zeigen, damit er Vertrauen fassen kann und Sie nicht für einen Künstlertypen hält, der bereit wäre, für eine eigene neue Idee das gesamte Unternehmen gegen die Wand zu fahren.

Grundsätzlich hilfreich ist es auch, emotionale Attribute und Wertungen in einem Gespräch mit Ihren Vorgesetzten wegzulassen. Vor allem bei drohender Konfrontation ist dies wichtig. Sonst blockieren Sie sich selbst und ziehen wahrscheinlich den Kürzeren. Und selbst wenn Sie kurzfristig gewinnen: Eine Führungskraft, die sich über den Tisch gezogen fühlt, wird Sie das spüren lassen, und Sie werden später dafür bezahlen.

Interessieren Sie sich für die Arbeitsweise Ihrer Vorgesetzten! Und wenn Sie den direkten Kampf und die Aggression meiden, können Sie in den meisten Fällen sogar damit rechnen, dass Ihr konstruktives faires Feedback darauf, wie sein Verhalten bei Ihnen ankommt, angenommen werden kann. Wenn das Gegenüber – auch als Vorgesetzter – keine Angst vor Missachtung und Herablassung haben muss, kann es sein, dass der angebliche Choleriker sogar dankbar Impulse aufgreift und ehrliches Feedback honoriert, dass der übervorsichtige Pedant im kleinen Rahmen ein Experiment erlaubt und dass die Alleskönnerin merkt, dass Ihre selbstbewusste, geniale Idee ihr Unternehmen sogar noch eine Haaresbreite weiterbringen kann.

Dass Vorgesetzte – also auch Ihre Vorgesetzten – die Technik der Fragen nutzen, um Sie zu steuern, versteht sich fast von selbst. Sie sind aber diesen Fragen auch nicht hilflos ausgeliefert und haben vielfältige Alternativen zu reagieren, wenn jemand versucht, Sie mit Fragen zu steuern:

- **Antworten** – damit lassen Sie sich steuern und zwar dorthin, wo der andere es möchte.
- **Gegenfrage stellen** – sie geben den Ball wieder zurück an den anderen, und können je nachdem welche Frage sie zurückgeben auch wieder steuern.
- **Pause machen** – es entsteht ein Vakuum, das niemand gerne aushält und wenn Sie abwarten, wird Ihr Gesprächspartner zu reden beginnen.
- **Frage wiederholen** – damit gewinnen Sie Zeit zum Überlegen.
- **Frage einparken** – eine ideale Methode, um die Frage zurückzustellen, um das bestehende Thema weiter zu behandeln.

- **Ausweichen** – eine Technik, bei der die Frage einfach nicht wirklich beantwortet wird, was wir abends häufig im Fernsehen bei Politikern beobachten können. Ist übrigens sehr einfach anzuwenden: Wenn eine Frage gestellt wird, einen Begriff daraus nehmen und darüber reden. Wenn Sie also jemand fragt, wie spät es ist, können Sie über das Thema Zeit sprechen, ohne dass Sie jemals die Frage beantworten. Im Englischen heißt diese Technik übrigens bezeichnenderweise »the political answer«.
- **Ignorieren** – was schon oft genug passiert, ohne dass wir es möchten. Wissenschaftler haben festgestellt, dass bei einer Gesprächsdauer von nur fünf Minuten im Durchschnitt bereits zwei Mal ignoriert wird, allerdings unabsichtlich. Manche Führungskräfte setzen diese Technik auch sehr gezielt ein, um Fragen zu umschiffen.
- **Auf die Metaebene** wechseln – »Wenn ich uns beide beobachte, stelle ich fest, dass Du laufend Fragen stellst«, hilft, dass der Gesprächspartner seine Fragerei abstellt oder deutlich einschränkt.

Was in welcher Situation sinnvoll ist, entscheiden Sie situativ, Sie sollten aber zumindest drei Alternativen zur Hand haben, aus denen Sie auswählen können.

Die Stärken stärken

Viel Zeit wird heute darauf verwandt, die schwachen Teilbereiche eines Mitarbeiters zu fördern. In der Schule ist es sicher sinnvoll, dass der kleine Mathematiker trotzdem die Grundregeln der deutschen Grammatik, das Periodensystem, the English language und die Ursache von Ebbe und Flut kennenlernt. Aber gerade in differenzierten Berufen ist vor allem von Bedeutung, was jemand gut kann. Einstein liebte die Musik, aber Mathematik und Physik liebte er nicht nur, sie fielen ihm auch noch leicht. Hier war er genial!

Als Führungskraft sind Sie kaum in der Lage, Menschen oder Mitarbeiter grundlegend zu verändern. Doch bei den Tätigkeiten, die Sie an Ihre Mitarbeiter delegieren, sollten Sie Spielraum haben.

Eine Sekretärin kämpfte täglich voller Widerwillen mit Excel-Zahlentabellen, die sie von ihrem Chef bekam. Es passierten häufig schwerwiegende Fehler. Gleichzeitig lag ihre eindeutige Stärke in der Kommunikation. Sie hatte Freude daran, Kunden oder Neukunden anzurufen. Und durch ihre freundliche und natürliche Art war sie auf diesem Gebiet auch außergewöhnlich erfolgreich. Nun wurde sie jedoch von ihrem Chef in einen Controllingkurs geschickt, um »endlich ihre Zahlendefizite abzubauen!«. Danach passierten ihr mit demselben Widerwillen etwas seltener schwerwiegende Fehler.

Wir raten hier, jemand dort gezielt einzusetzen, wo dieser seine Stärken hat. Lassen Sie eine solche Sekretärin gezielt Akquisitionsaufgaben übernehmen. Es wird ihr leicht von der Hand gehen. Und der Erfolg wird ihr – und auch Ihnen gefallen. Delegieren Sie den Tabellen- und Kalkulationsteil jemandem, dem diese Aufgabe mehr liegt und der vielleicht froh ist, keine Neukunden mehr anwerben zu müssen.

Solange Sie nicht einen Minibetrieb haben, in dem der Bäcker eben auch ohne grantiges Murren die Brötchen verkaufen muss, weil sonst keiner im Laden ist, sollten Sie sich vor allem auf die Förderung der Stärken konzentrieren. Wenn der geniale Erfinder recht eigenbrötlerisch daherkommt und vor der Präsentation seiner Erfindung vor Lampenfieber nicht schläft, sollte vielleicht die Moderatorin oder der Netzwerker in Ihrer Gruppe die Vorstellung der Idee übernehmen. Der Erfinder sitzt inzwischen schon wieder in seinem chaotischen Labor und tüftelt an einer Weiterentwicklung.

Gut geführte Mitarbeiter müssen nicht alles können. Sie werden dort eingesetzt, wo sie gut sind. Sie bringen Höchstleistungen in den Bereichen, die ihnen leichtfallen. Und das auch weit jenseits des »Spaßfaktors«. Boris Becker musste gut Tennis spielen, um in Wimbledon zu gewinnen. Erst danach – und mit dem Bewusstsein, ein Sieger zu sein – wurde es auch wichtig, an Auftritt und Ausdruck zu feilen. Und manche Boxer oder Profifußballer verschwenden darauf nur dann einen Gedanken, wenn sie wegen rüder Prügelei oder ihrem »Stinkefinger« die Rote Karte sehen.

Die Prinzipien des DU

1. Entwicklung fördern durch Dialog mit dem Mitarbeiter

Nach dem Prinzip der minimalen Führung steht die Ergebnisorientierung auch im Dialog an erster Stelle. Hier werden die konkreten Vereinbarungen getroffen. Die wesentliche Führungsarbeit findet im Dialog mit dem Mitarbeiter statt!

Motivation ist kein Mythos. Sie wissen um Ihre Aufgabe, bei Ihrem Gesprächspartner Anreize zu schaffen, die ihn dazu bringen, seine Komfortzone zu verlassen. Sie nehmen sich mindestens einmal im Jahr Zeit für jeden Mitarbeiter und führen eine gemeinsame Reflexion durch. Zeit und Ort sind bekannt. Sie haben sich gut vorbereitet, denn Sie wissen: 80 % des Erfolges liegen in einer guten Vorbereitung!

Wenn Sie Jahresziele vereinbaren, klären Sie mit dem Mitarbeiter auch den Weg dorthin, also die Aufgaben und Tätigkeiten, um das Ziel zu erreichen.

Bei kritischen Gesprächen ist es nicht angebracht, zunächst positiven Small Talk zu halten, auch wenn das einige Lehrbücher noch anders sehen.

Sie geben zeitnahes Feedback und entkoppeln Lob und Kritik. Lob lassen Sie als Lob stehen und verbinden es nicht mit Kritik oder z. B. einer neuen Aufgabe.

Sie bauen die Stärken von Mitarbeitern gezielt aus und fördern diese.

2. Führungs-Kraft: Die Führung schöpft ihre Kraft aus dem Zuhören, nicht aus dem Reden

Sie lernen das Führen durch Zuhören und Fragen. Sie halten keine Monologe, sondern stärken die Selbstführung und Motivation Ihres Mitarbeiters, indem Sie ihn wahrnehmen, ernst nehmen – und dann auch beim Wort nehmen! Überlegen Sie im Vorfeld schon einige grundlegende Fragen und bereiten Sie sich am besten schriftlich vor.

3. Sie geben Klarheit in Delegation und konsequentem Prozessmanagement

Sie delegieren Aufgaben. Dabei achten Sie darauf, dass Auftrag und Umfang verstanden werden, indem Sie den Mitarbeiter am Ende die Absprache zusammenfassen lassen. Sie sorgen für die zeitliche Verfügbarkeit, beachten die Motivation und Qualifikation des Mitarbeiters. Sie haben Ressourcen und die pekuniären Möglichkeiten geklärt, die zur Lösung der gestellten Aufgabe unabdingbar sind.

Sie geben den Rahmen vor, aber Sie lassen dem Mitarbeiter möglichst großen Freiraum zur Selbstführung. Sie bleiben beweglich, nutzen die Initiative des Mitarbeiters und dessen Bereitschaft zur Selbstführung.

Die Prozesse managen Sie so, dass sich Ihre Mitarbeiter immer wieder aus ihrer Komfortzone bewegen möchten. So verbessern Sie die Ergebnisorientierung der gemeinsamen Arbeit.

Dauerhafter Erfolg ist nur im Team möglich.

Klaus Steilmann

WIR – Teamführung

Es gibt einen netten Komiker, dessen Name uns leider entfallen ist. Er kann ein abendfüllendes Programm mit einem Team von perfekten, aber eben nicht existierenden Flöhen darstellen. Die nicht sichtbaren kleinen Tiere hüpfen auf Kommando hin und her, fahren – vom Dramaturgen mit Magnetspulen »gezaubert« – mit einem Minifahrrad durch Hindernisse oder tanzen auf dem Seil, usw. Die täuschenden Effekte lassen den Abend auch für den Zuschauer zu einem vergnüglichen Spaß werden, und am Ende stellt sich echtes Mitleid ein, wenn einer der eingebildeten Künstler bei einem gewagten Sprung verunglückt und von anderen mit einer kleinen Kutsche abtransportiert werden muss. Das alles ist zauberhaft, amüsant und für den Künstler einträglich und lukrativ.

Der Künstler beherrscht sein Team, alle tanzen nach seiner Pfeife – ist das die Realität?

Ist es überhaupt möglich, ein Team zu beherrschen?

Ein Team lässt sich nicht beherrschen

Stellen Sie sich vor, Ihr Team hat Angst vor bevorstehenden Veränderungen im Unternehmen. Es kann sein, dass personelle Veränderungen im Team vorgenommen werden und vielleicht sogar eine Entlassungswelle droht. Die Auswirkung ist eine Art depressive Stimmung, die auch das Arbeitsergebnis belastet. Nach allem, was Sie also nun bisher gehört haben, heißt das: Sie müssen handeln, um die Ergebnisorientierung zu steigern!

Sie entscheiden sich für eine Art »Lasst uns froh und munter sein«-Motivationsprogramm und fordern Ihr Team auf zu lächeln. Denn mit Lachen geht auch in schwierigen Zeiten alles leichter. Was meinen Sie? Wie wird die Wirkung sein? Werden diese Appelle gehört?

Wie erfolgreich sind überhaupt Appelle oder Verordnungen, wenn es die Einstellung bzw. Gefühle in Teams betrifft?
Wir glauben: Ein Team lässt sich nicht beherrschen! Nur derjenige, der diese Regel akzeptieren kann, wird letztlich ein erfolgreiches Team mit fruchtbringender Begegnung, hoher Motivation und weiterentwickelten Ergebnissen erreichen.

Bevor wir uns aber in die konkreten Schwierigkeiten verschiedener Teamstrukturen begeben, wollen wir Sie ermuntern, grundlegende Fundamente für ein innovatives und ergebnisorientiertes Team zu legen. Dabei werden wir zu einem späteren Zeitpunkt auch die ideale Zusammensetzung eines solchen Teams behandeln. Da aber nicht jeder unserer Leser die Möglichkeit hat, sich sein eigenes Team nach eigenen Vorstellungen zusammenzusuchen, und da es uns in diesem Buch vor allem darauf ankommt, den Anteil der jeweiligen Führungskraft am Gelingen einer Teamarbeit darzustellen, beginnen wir mit grundlegenden Gedanken zum Aspekt Teamleitung.

Ein gutes Team ist ein Gewinn – möglichst für alle

Wenn Sie ein Team zu möglichst hoher Leistung, ja zur Höchstleistung herausfordern wollen, dann fordern Sie damit auch die beständige Entgrenzung des bekannten Terrains. Das erfordert Mut, Einsatz, Verlässlichkeit und die Kreativität aller Teilnehmer. Und diesen Einsatz können Sie dann am ehesten fordern, wenn das zu erreichende Ergebnis alle zu Gewinnern machen kann.

In guten Teams herrscht eine Atmosphäre positiver Anspannung. Feedback wird, auch wenn es Kritik und deutliche Forderungen enthält, als positive Hilfe, nicht als Abkanzeln und Fertigmachen empfunden. Wir sind gut – wie können wir besser werden, ist ein Grundgefühl, das eine Gruppe zusammen- und über sich hinauswachsen lässt. Dabei ist der Fokus des Teams auf das angestrebte Ergebnis gerichtet. Das Team ist in positiver Anspannung und energiegeladener Anregung, weil es gemeinsam nach vorne strebt. »Nicht jedes ›glückliche‹ Team ist ergebnisorientiert. Aber positiv ergebnisorientierte Teams machen die Mitarbeiter glücklich«!

Wie viel Zusammenarbeit brauchen wir?

Eine Frage, die jeder Teambildung bzw. der Ausprägung einer Gruppe von Mitarbeitern zum Team vorausgehen sollte, ist allerdings die nach der eigenen Notwendigkeit. Unter Berücksichtigung einer klaren Ergebnisorientierung gibt es unseres Erachtens drei Formen des Arbeitsteams:

1. Mitarbeiter sollten in ein Team zusammengeführt werden, wenn die Aufgaben so voneinander abhängig sind, dass sich durch die Teambildung die Kommunikationswege verkürzen, die Abstimmung erleichtert und ein gemeinsames Lernen von- und miteinander die Effektivität erhöhen kann. Ein solches Team sollte aber der Überschaubarkeit wegen nicht größer als sechs bis acht Personen sein. Neben einer dauerhaften Teambildung kann es sogar sinnvoll sein, selbstständige Abteilungen, die in ihrem Arbeitsauftrag voneinander abhängen, zumindest zeitweise zu Teams zusammenzuführen, um einen Synergieeffekt zu schaffen.

2. Es kann aber auch ergebnisfördernd sein, Mitarbeiter mit gleichen Tätigkeiten auch ohne eine gegenseitige Abhängigkeit zusammenzuführen. Hier ist zwar jeder in der Arbeit sozusagen ein Einzelkämpfer, aber als Team wird gemeinsames Lernen ermöglicht. Callcenter oder ein Vertriebsteam einer Versicherung

sind hierfür Beispiele. Lernaufträge oder Zielworkshops können hier – sofern sie gut gemanagt werden – eine große Kraft und Dynamik in die Gruppe bringen. Die Gruppengröße solcher Teams kann stärker variieren. Da man nicht voneinander abhängt, sondern vordringlich voneinander und miteinander lernen und etwas für den Kunden entwickeln möchte, können hier z. B. auch Teambesprechungen in wechselnden Kleingruppen möglich sein. Bis zu sechzehn Mitglieder bilden hier unseres Erachtens eine mögliche und effektive Teamgröße, sofern sich die Führungskraft auch hier nur noch auf die Ausübung von Führungsarbeit beschränken kann. Wer in diesem Zusammenhang bei acht Personen die Grenze zieht, gibt insgesamt als Unternehmer zu viel Gehalt für Führung aus.

3. Manchmal aber gibt es keinen gemeinsamen Lernauftrag, und es lässt sich auch keine sinnvolle ergebnisfördernde Verbindung der Einzelaufgaben feststellen. Solche Pseudoteams finden sich z. B. in Stabsabteilungen. »Die Organisation will das so«, hören wir dann als Rechtfertigung! Vielleicht auch nur wegen der gemeinsamen Kostenstelle o. Ä. Als Führungskraft eines solchen Pseudoteams sollten Sie sinnvollerweise möglichst viele Dinge einfach bilateral lösen. Reduzieren Sie hier die gemeinsamen Meetings ohne Skrupel auf das absolute Minimum, z. B. bei übergreifenden Informationen aus der jeweiligen Vorstandsetage oder bei deutlichen Tendenzen einiger Teilnehmer, nicht mehr nur nebeneinander, sondern z. B. gegeneinander bzw. ressortverletzend zu arbeiten.

Der Aufbau von kooperativen statt konkurrierenden Teamstrukturen

Kennen Sie Krabbenkörbe? An der Atlantikküste können Sie ein Schauspiel beobachten, das sich eins zu eins auf viele Unternehmen übertragen lässt. Krabbenkörbe sind aus Bast und haben keinen Deckel. Würde man eine Krabbe allein in den Korb setzen, könnte sie aufgrund ihrer Greifwerkzeuge aus dem Korb klettern und entwischen. Dadurch, dass aber mehrere Krabben gleichzeitig in den Korb kriechen, wird er zur Falle. Sobald eine Krabbe ansetzt und in Gegenrichtung aus dem Korb hinauskrabbeln will, wird sie von einer der anderen Krabben wieder zurückgezogen. Nicht der Fischer, sondern die Krabben selbst verhindern das Glücken einer Flucht.

Gerade unter gleich gesinnten Führungskräften lässt sich ein ähnliches Prinzip beobachten. Wettbewerbsdruck und Budgets führen zu einer massiven Behinderung, die eine Art Unternehmenskultur wird. Hier behindern sich die Anhänger des Konkurrenzgedankens sozusagen in gegenseitigem Einverständnis. Und – als Mitglieder eines konkurrierenden Systems bleibt ihnen auch häufig nichts anderes übrig. Es gibt auch Organisatoren, die diese Mentalität absichtlich zu fördern scheinen. Es heißt, der schlimmste Feind sei der Parteifreund, und manches Gerangel unter Torwarten, Radfahrern, Bandsängern oder Schauspielern erfreut zumindest die Leserschaft bunter Magazine.

Wenn Sie es in Ihrem Bereich ermöglichen können, raten wir zu einem ehrlichen und fairen Wettbewerb in größtmöglicher Kooperation. Sie sollen nicht die Leistung und den Ehrgeiz des Einzelnen mindern, aber Sie sollten ein waches Auge dafür haben, wo ein solches Vorankommen auf Kosten anderer geschieht. Und Sie sollten für Strukturen und für ein Klima sorgen, das Koordination und Kooperation belohnt und Ellenbogenkämpfe sinnlos werden lässt.

Es ist nun mal vor allem die Aufgabe der Leitung – im Gesamtunternehmen, und im Rahmen Ihrer Möglichkeiten eben auch in jedem einzelnen Team –, die systemimmanenten Krabbenkörbe aufzuspüren und durch Systeme zu ersetzen, die Kooperation fördern und belohnen. Dies kann sogar explizit in Zielvereinbarungs- und Beurteilungsprozesse eingearbeitet werden.

Unternehmen, die sich zum Beispiel dafür entscheiden, Bonuszahlungen für besondere, kooperative Arbeiten über Bereichsgrenzen hinaus an Führungskräfte oder Teams zu zahlen, senden eine Botschaft an die Belegschaft: »Denkt über eure Grenzen hinaus und achtet auf Kooperation.«

Dies kann die Fixierung auf Krabbenkorbstrategien nachhaltig mindern und Kooperationsfähigkeit fördern. Für viele Unternehmen wäre eine solche Einstellung in den Führungsebenen ein echter Quantensprung.

Gemeinsames kooperatives Lernen unter gleich gesinnten Führungskräften ist ein stetig unterschätzter Erfolgsfaktor für diese Unternehmen. Sehen Sie sich durch dieses Buch eingeladen, Ihr eigenes Team, aber auch als Teammitglied Ihr Führungsteam unter diesem Fokus zu beobachten und Feedback zu geben.

Meetings sind entweder notwendig – oder sie finden nicht statt

Ein Teamtreffen ist aufwendiger als ein Einzelgespräch. Daher hat so ein Treffen auch nur Sinn, wenn eine konkrete Zielsetzung und Ergebnisorientierung gegeben ist.

Vorher sollten Sie sich daher über Folgendes im Klaren sein:
- Gehört dieses Thema in diese Runde?
- Wie viel Zeit sollten wir dafür veranschlagen?
- Wer fällt die Entscheidungen?

Bei Themen, die vordringlich mitarbeiterorientiert sind, zum Beispiel die Weihnachtsfeier o. Ä., sollten Sie sich möglichst stark zurücknehmen. Bei ergebnisorientierten Themen, etwa der Preisgestaltung, entscheidet die Leitung nach Anhörung der Argumente aus dem Team. Natürlich gibt es viele Felder, in denen eine Kooperation und ein möglicher Konsens anzustreben sind, etwa bei der Arbeitsplatzgestaltung oder anderen Fragen, für die Sie letztlich Verantwortung tragen müssen, die aber auch den Mitarbeiter sehr konkret und intensiv betreffen.

Besprechungen aus Tradition, doch ohne eigenes Ziel oder Thema, z. B. rein gemeinschaftsfördernde Meetings oder Treffen, die allein aus der Neugierde der Mitarbeiter entsprungen sind, können Sie nach dem Prinzip der minimalen Führung getrost im Müllcontainer enden lassen! Streichen Sie diese ersatzlos oder ersetzen Sie das gelangweilte Kaffeekränzchen durch ein sinnvolles Ritual, wie später beschrieben. Stoppen Sie die Meetingflut! Wenn sich nichts Wesentliches ändert, wenn ein Meeting ausfällt, dann sollte dieses Meeting ausfallen!

Übung 10 für Ihre Führungspraxis

Bewerten Sie Fragen zum geplanten Meeting mit 1 (trifft nicht zu) bis 10 (trifft völlig zu) Punkten:

- Das Meeting ist aus meiner Sicht wichtig für die Ergebnisverbesserung des gesamten Unternehmens oder wichtig für meine Fokus-Themen.
- Der Kontext und das Ziel des Meetings sind klar. Es gibt eine entsprechende Agenda.
- Die Zusammenstellung der Teilnehmer und die Aufgabenstellung des Meetings korrelieren.
- Die Informationen, die in diesem Meeting gegeben werden, sind wichtig.
- Die Auseinandersetzung und der Dialog in diesem Treffen sind wichtig und der Sache dienlich.
- Die Fragen werden unter einem guten Zeitmanagement abgehandelt.
- Es wird sinnvoll und sachdienlich strukturiert gearbeitet.
- Nach dieser Art von Meeting fühle ich mich gestärkt und motiviert.

Wenn ich bisher wenig Punkte vergeben konnte:

- Kann ich in diesen Treffen ansprechen, dass sie förderlicher gestaltet werden sollten?
- Ist es mir möglich, mich aus diesem Meeting abzumelden und meine Zeit sinnvoller zu nutzen.

Informationen und Veränderungen werden unvermittelt weitergegeben

Informationsbedürfnisse zu Unternehmensvorgängen sollten möglichst direkt gestillt werden können. Es lässt sich allerdings gerade in Firmen, die massiven Veränderungsprozessen unterliegen, beobachten, dass die Meetinghäufigkeit stark zunimmt. Hier glaubt man, dass durch viele Meetings gute Informationsmöglichkeiten geschaffen werden. Man möchte möglichst viele Mitarbeiter aus erster Hand informieren.

In Wahrheit wird jedoch die Informationslage durch viele Meetings im Unternehmen häufig widersprüchlicher und komplexer, da die Interpretations- und Variationsbreite der Informationen zunimmt.

»Wenn ich wissen will, was wirklich los ist im Unternehmen, gehe ich in die Kantine ...« Diese und ähnliche Sätze sind in großen Unternehmen keine Seltenheit. Zum Teil kommen diese Sätze jedoch auch in kleinen Unternehmen vor, da die Führungskräfte es nicht schaffen, den Dialog in Meetings aufzubauen. Das Meeting verkommt hier zu einem Monolog der Führungskraft. Damit die Mitarbeiter dann Zeit bekommen, um über die Themen zu sprechen, müssen sie in die Kantine gehen.

Wie also vorgehen? Eine mögliche Variante ist die Information über das Schwarze Brett, über Newsletter per E-Mail oder direkt vom Vorstand an alle in einer Betriebsversammlung zu geben.

Das hat den großen Vorteil, dass zunächst alle ungefiltert und ohne Interpretation die gleiche Botschaft hören. Viele Dinge erledigen sich dann schon durch eine knappe Durchsage, und manche erledigen sich sogar von selbst.

Je nach Relevanz werden natürlich trotzdem manchmal Nachversammlungen und widersprechende Interpretationen in der Teeküche stattfinden. So wird die gleiche Saat – je nach »Witterung« bzw. Betroffenheit der verschiedenen Abteilungen – häufig verschieden aufgehen. Man mag dann über die möglichen Interpretationen und die Konsequenzen streiten, aber nicht über die Botschaft selbst.

Die Aufgabe der Führungskraft bei inoffiziellen Meetings

Gerade bei der weiteren Interpretation des Gesagten durch den Vorstand ist dann allerdings die Führungskraft gefragt. Hier sind aber in den meisten Fällen die persönliche Integrität, die direkte Nähe zum Mitarbeiter und die Dialogmöglichkeit bei den inoffiziellen Meetings auf den Gängen und in der Kantine von größerer Relevanz als eine galante Strategie in einem offiziellen Meeting.

Die Geschäftsleitung eines fusionierten Unternehmens gab auf einer Betriebsversammlung die Entscheidung bekannt, dass ein Geschäftsfeld, in dem 60 Mitarbeiter tätig sind, geschlossen wird und diese Mitarbeiter im Rahmen einer Umschulung in einen anderen Geschäftsbereich überwechseln sollen. Hier wurde von dem Vorstandsvorsitzenden folgender Satz gesagt:

»Gemeinsam mit dem Betriebsrat haben wir uns bemüht, eine sozialverträgliche Lösung zu finden, und wir sind sehr glücklich, dass jetzt keiner das Haus verlassen muss, sondern nur eine Umschulung ansteht!« Nach der Betriebsversammlung kam es, wie überall üblich, zu sogenannten Nachversammlungen. Diese fanden in den Fluren, in der Kantine oder im jeweiligen Arbeitsraum statt. Hierbei fokussierten einige Mitarbeiter bei dem gesagten Satz des Vorstandes insbesondere auf die Worte:»bemüht« und »jetzt«.

»Bemüht, hat er gesagt! Ich kenne diese Zeugnissprache! Das ist ein fauler Kompromiss!«
» – Jetzt – hat er gesagt, und was passiert dann mit uns in vier Monaten?«

Nachversammlungen kann man nicht vermeiden, sondern nur fördern. Völlig falsch wäre es hier, die Mitarbeiter zu bitten, dieses Gespräch abzubrechen. Wer glaubt, sein Team so beherrschen zu können, wird nur erreichen, dass dieses Gespräch dann am Abend auf der Straße wieder auftritt und nur noch heftiger geführt wird. »In der Firma dürfen wir dazu noch nicht mal unsere Meinung sagen! So weit ist es schon gekommen!« Statt machtvoll auf das Team einzuwirken, hat ein solcher Teamleiter gerade einen der wichtigsten Drähte, die er für den Kontakt zum Team braucht, zerschnitten!

Die inoffiziellen Meetings sind effektive Gruppentreffen. Hier wird offen diskutiert. Hier kommen Emotionen hoch, und der Teamleiter kann erkennen, was in seinem Team zur Zeit wirklich los ist. In diesen Versammlungen entscheidet sich, inwieweit der Teamleiter dafür sorgen kann, dass die Mitarbeiter wieder Identifikation mit dem Unternehmen spüren können oder sich innerlich weiter distanzieren.

Bläst er nun aber in das gleiche Horn wie die Mitarbeiter und nickt fleißig mit, koppelt er gerade sein Team zu einer autonomen Zelle im Unternehmen ab. Nach dem Motto: »Die da oben können es sowieso nicht mehr richten. Die haben versagt, sie werden uns fallen lassen.«

Wiederholt er stattdessen den Wortlaut des Vorstandsvorsitzenden und sagt: »Ich kann hier nur noch einmal unterstreichen, was der Vorstand eben gesagt hat ...«, handelt er zwar scheinbar ergebnisorientiert und solidarisch mit seinem Auftraggeber – die Gefahr, dass er aber gerade den Kontakt zu seinen Mitarbeitern verliert, ist sehr groß.

Die Kunst liegt nun also darin, die Balance zu halten. Die Nähe zur Sorge der Mitarbeiter und ein grundsätzliches Vertrauen in eine verantwortbare Unternehmensentscheidung schließen sich da nicht aus! Beides sollte bei einer Beteiligung an den inoffiziellen Nachgesprächen deutlich werden, etwa in einem Kommentar wie: »Ich spüre eure Skepsis. Ihr hört vor allem eine mögliche Einschränkung heraus, denn die Veränderungen lassen uns alle nicht sorglos sein. Einige von euch glauben, der Vorstand habe JETZT gesagt, weil er uns morgen fallen lassen wird. Das ist aber die schlechteste aller möglichen Auslegungen. Ich denke, es wurde

JETZT gesagt, weil es im Moment leider nicht möglich ist, Versprechungen in die weitere Zukunft zu geben. Aber ob der Vorstand etwa in zwei Jahren wieder JETZT sagen kann und wir unsere Arbeit behalten, das liegt doch auch an uns, oder?! Wenn wir heute die Lust an unserer Arbeit und die Hoffnung auf eine gemeinsame Zukunft verlieren, geben wir doch selbst ein Stück Perspektive auf!«

Teammanager sollten gerade die inoffiziellen Meetings unbedingt nutzen, um Identifikation zu schaffen. Wir ermuntern stets dazu, als Vorstand möglichst schnelle, eindeutige und direkte Informationswege zu nutzen. Sie als Führungskraft sollten aber darauf vorbereitet sein, wie mögliche Nachverhandlungen im Team zu moderieren sind.

Es ist außerdem Ihre Aufgabe als Teammanager dafür zu sorgen, dass sich die Grüppchenbildung oder die Unterschiede im Informationsniveau in möglichst engen Grenzen halten. Wichtige Inhalte inoffizieller Meetings, die zufällig oder absichtlich nur mit einem Teil der betroffenen Mitarbeiter stattgefunden haben, müssen in einem offiziellen Meeting noch einmal aufgearbeitet oder mindestens mitgeteilt werden.

Insgesamt plädieren wir allerdings für eine Minimierung der offiziellen Meetings. Wir sind davon überzeugt, dass die Bedeutung und Effektivität der Treffen steigt, wenn sie seltener sind und dadurch auch wirklich mit Absprachen, Terminen, konkreten Aufgaben angefüllt stattfinden.

Halten Sie in den inoffiziellen Meetings Kontakt zum Team. Behalten Sie den guten Draht – und werden Sie umgekehrt natürlich nicht lästig. Es muss auch für Ihre Mitarbeiter möglich sein, sich ungestört zu unterhalten, einfach mal zu meckern, zu schimpfen, zu lästern oder auch zu schwärmen, ohne dass diese sich beobachtet und kontrolliert fühlen und zu jedem Thema den Senf ihrer Vorgesetzten zur Kenntnis nehmen müssen.

Woran Sie ein gutes Team erkennen können

Wenn Sie nun Ihr Team einmal näher betrachten: Wie können Sie einschätzen, ob das Team erfolgreich ist, oder nicht?

Die meisten Teams glauben, dass sie erfolgreich arbeiten, ohne es genau festmachen zu können. Auf Kritik von außen reagieren sie in der Regel absorbierend. »WIR SIND GUT!« heißt es dann als Selbstschutz. Warum und woran das Team dies festmacht, ist meist schwierig auszumachen.

Aus unserer Sicht gibt es einige Erfolgsfaktoren. Betrachten Sie Ihr Team und überlegen Sie, ob, welche und wie ausgeprägt diese bei Ihnen in Wirklichkeit sind.

Übung 11 für Ihre Führungspraxis

Schätzen Sie Ihr Team ein. Geben Sie zu den einzelnen Fragen wieder 1 (trifft nicht zu) bis 10 (trifft völlig zu) Punkte:

Leistung	**Punkte**
Alle im Team kennen die Erfolgsfaktoren für gute Leistung?	
Alle ziehen an einem Strang – getragen von einem klaren Leistungswillen?	
Wir haben eine gute Fehlerkultur und können gut lernen!	
Die Rollen im Team sind klar verteilt, ohne Rollen einzuengen	
Konflikte im Team werden offen und direkt angesprochen	
Die Stimmung im Team ist gut, es macht Freude zusammenzuarbeiten	
Die Prozesse im Team werden überprüft und gemanagt	

Bewerten Sie das Ergebnis:

- Welchen Fokus in Sachen eigener Teamentwicklung gilt es zu wählen?
- Wo hat Ihr Team Defizite – wo können Sie auf guter Basis aufbauen?

Zielfokussierung und Ergebnisorientierung in Teams – Prozesse managen

In den Abschnitten »ICH« und »DU« haben wir bereits beschrieben, wie wichtig es ist, Prozesse von Mitarbeitern zu managen. Auch beim Team erscheint uns das als eine wichtige Aufgabe der Führungskraft.

Das Team lebt auch in einer Art Komfortzone und liebt es, wie vorher schon bezeichnet, »sich gut zu fühlen«. Warum sollten wir etwas ändern? Der Laden läuft doch?

Es ist also die Aufgabe der Führungskraft, hier für einen Prozess der ständigen Ergebnisverbesserung zu sorgen. Die Führungskraft des Teams hat hierbei folgende Aufgaben:

- beobachten, was im Team gut läuft – loben;
- beobachten, welche blinden Flecken das Team hat – mögliche Wachstumsfelder;
- beides ansprechen und den Hunger nach Ergebnisverbesserung wecken.

Hierfür hilft es, das Team zu stören. Wir werden darauf später noch näher eingehen. Damit aber Ergebnisorientierung überhaupt optimal gelebt werden kann, ist eine gute Kommunikation auf der sogenannten Beziehungsebene das A und O eines soliden Teammanagements. Eine Aufarbeitung offener Themen auf der Beziehungsebene bildet also die Grundlage für eine stressfreie Führungsarbeit nach dem Prinzip der minimalen Führung.

Damit Ihnen das gelingt, müssen Sie Abstand zum Team halten. Ja, Sie haben richtig gehört. Innovation und Störung gehen immer vom Rand aus. Sie müssen beobachten können, um wirklich auch etwas zu entdecken. Solange Sie mit auf dem Spielfeld stehen, arbeiten Sie mit, haben keinen Abstand und können so auch nicht erkennen, was falsch läuft, außer das, was Ihrer Arbeit gerade im Wege steht. Hier geht es aber um den Gesamtprozess, und hierfür müssen Sie zum Team einen gewissen Abstand halten. Dann können Sie mit Teamcoaching beginnen.

Entwicklung der Feedbackkultur im Team

Viele Teams haben noch keine Feedbackkultur, in der offen über Störungen gesprochen werden kann. Sie haben zwei Wege, um dies in Ihrem Team einzuführen:

1. Sie beauftragen einen externen Trainer für eine Teamentwicklung, da Sie auf der Beziehungsebene im Team noch Schulungsbedarf entdecken, oder
2. Sie nehmen diese Aufgabe selbst in die Hand, da Sie erkennen, dass es zu Ihren Aufgaben gehört, »Teams zu managen«

Wir empfehlen Ihnen den zweiten Weg. Es mag zwar modern sein, Teams von Außenstehenden zusammenführen zu lassen. Besonders attraktiv scheint es einigen sogar, wenn zur Intensivierung des Umgangsstils das Thema des Teams, die eigentliche Aufgabe, gewechselt wird und stattdessen ein Survivaltraining die Wogen glätten soll. Getreu nach dem Motto: »Ein Event und ein wenig Ablenkung lässt uns hier auch mal anders miteinander in Kontakt kommen.«

Ein Perspektivenwechsel in einen anderen Kontext kann durchaus sinnvoll sein, das heißt aber nicht, dass jedes Problem im Team ein Outdoortraining zur Folge haben sollte.

Warum sollten die Koordinatoren eines Versicherungsunternehmens sich vor große körperliche Herausforderungen stellen und zum Beispiel im Hochseilgarten trainieren, wenn es um eine flüssigere, reibungslosere Abarbeitung Ihrer Prozesse geht?

Sicherlich stimmt es, dass sich so das Team einmal auf eine ganz andere Weise kennenlernt und kurzfristig ein besonderes Vertrauenserlebnis möglich ist. Vielleicht blamiert sich aber auch das übergewichtige Talent aus der Projektadministration auf dem Seil eher als am Computer und agiert danach gehemmter statt befreit. Unterschiedliche Wünsche an die Abendgestaltung oder eine konsequente Einforderung der Nachtruhe erhöhen die Differenzen im Team. Und wer weiß, wie stark Patienten im Mehrfachzimmer eines Krankenhauses, ja selbst eigentlich liebende Ehegatten durch lautes Schnarchen in ungeahnte Aggressionen taumeln, sollte nicht naiv den Survivaltrip mit Gemeinschaftszelten nach Norwegen buchen.

Auch wenn also ein Abenteuer den Teamgeist erhöhen kann, es kann auch spalten und frustrieren. Und – neben der Preisfrage – sind deshalb die Reibungsverluste in der mangelhaft abgestimmten Koordinationsaufgabe noch nicht bereinigt. Das soll dann nach dem Survivaltrip im Alltag geklärt werden.

Wir sollten einmal ein deutsches Medienunternehmen in seiner Blütezeit und vor den aktuellen Sparzwängen bei einer solchen Teammaßnahme begleiten. Wir wollten dies »indoor« in einem deutschen Hotel veranstalten. Stattdessen bestand man darauf, vier Tage auf eine spanische Insel zu fliegen und dort unterstützt durch eine Event-Agentur im Freien zu arbeiten.

Dazu wurden drei weitere Trainer bereitgestellt. Sie waren für Freiluftakrobatik etc. zuständig. Wir sollten den Transfer ins Unternehmen sicherstellen. Am dritten Tag verweigerte sich das Team einer anstrengenden Bergwanderung. Statt an Fortschritten im Unternehmen zu arbeiten, wurden wir zu Konfliktmanagern zwischen Initiator, Event-Agentur und Teammitgliedern. Gelernt hatten am Ende sicher alle etwas daraus. Aber der Transfer konnte kaum stattfinden, die Frustration war auf allen Seiten deutlich spürbar und wurde noch – wenn man die Kosten für Flug, Fachleute etc. dagegen rechnete – sehr hoch bezahlt.

Gerade wenn das Erleben im Vordergrund steht, kann auch bei einem gelungenen Outdoorevent die Transferleistung gering sein. Vielleicht gelingt Ihnen sogar eine für alle Seiten erfreuliche Woche auf dem Mountainbike. Aber es muss Ihre Labortests oder die Entwicklung einer neuen Software nicht unbedingt voranbringen, wenn sich die Kollegen nun über die neuen, am Wochenende entdeckten Trekkingstrecken oder Kataloge zum gemeinsam entdeckten Hobby austauschen.

Unserer Meinung nach lernt ein Team am effektivsten und nachhaltigsten in einer Umgebung, die anschlussfähig an die Realität des Teams ist. So kann ein Workshop mit der eigenen Führungskraft an einem anderen Ort sehr inspirierend sein. Dort haben dann die eigenen Führungskräfte des Teams die Aufgabe, das effektive Miteinander zu entwickeln. Daher empfehlen wir bei Anfragen zur Teamentwicklung häufig eher ein begleitendes Coaching für die Führungskraft, als eine Teamentwicklungsmaßnahme auf Mallorca.

Wenn Sie selbst diese Aufgabe in Ihrem Team wahrnehmen, werden Sie Teamleiter und Trainer in einer Person. Hierfür ist es wichtig, Feedback selbst geben zu können und auch von Ihren Mitarbeitern einzufordern. Es schadet nicht, wenn auch unterjährig einmal die Frage der Führungskraft an die Mitarbeiter gestellt wird: »Wie geht es euch zurzeit mit meiner Leitung, was gefällt euch, was nicht!« Leichter fällt es den meisten jedoch nach einem Anlass wie zum Beispiel einem Meeting: »Ich bitte euch jetzt noch einmal um ein Feedback, wie ihr mit meiner Meetingleitung zufrieden ward. Was gefällt euch? Was könnte ich verbessern?« Wenn Sie im Team konsequent mit Feedback arbeiten, entwickelt sich die Feedbackkultur von allein, denn Ihr Team lernt von Ihnen. Jedes Team lernt!

Gerade weil alle in einem Boot sitzen, ist es gut, dass nicht alle auf einer Seite sind

Falls Sie das Glück oder auch die verantwortungsvolle Bürde haben, ein Team zusammenstellen zu sollen, werden Sie nach Kriterien suchen. Und wenn Ihr bestehendes Team nicht funktioniert, kann es auch den Grund haben, dass ein wichtiger Baustein, der in jedem Team vorhanden sein sollte, hier fehlt. Darüber ist viel geschrieben worden, und eine ausführliche Auseinandersetzung mit den vielen Forschungen, gerade auch in den USA, würde den Rahmen unseres Buches sprengen. Wir verweisen auf die Literatur am Ende.
Aber einige wesentliche Bemerkungen möchten wir Ihnen nicht ersparen.

Erstens: Je bunter ein Team ist, desto besser ist es. Für eine Boygroup mag es gut und richtig sein, wenn alle ein Alter haben. Die Beatles begannen sogar mit einer Art Pilzfrisur auf allen Köpfen. Aber auch sie hatten deshalb Erfolg, weil Mc Cartney und John Lennon gegensätzliche Charaktere waren, die in einer einander ergänzenden und sicher häufig streitbaren Symbiose zusammen Musik machten. Der stille, introvertierte Harrison mit dem religiösen Touch und auch Ringo Starr erfüllten im Team wichtige vermittelnde und entgrenzende Aufgaben. Und sorgten auch für eine Vielfalt der möglichen Projektionen durch die sich mit ihnen identifizierende Fangemeinde.

Wir empfehlen eine möglichst bunte Mischung. Normalerweise, wenn keine gewichtigen Gründe dagegen sprechen, schlagen wir auch eine Mischung aus vielen Altersgruppen und vor allem aus beiden Geschlechtern vor.

Außerdem ist es von Vorteil, wenn im Team möglichst jede Rolle vertreten ist, die bei der zu bewältigenden Aufgabe nötig wird. Im Idealfall kann man hier von neun Rollentypen sprechen, wobei es möglich ist, dass manche Personen zwei oder sogar drei Rollenfunktionen ausüben. Typische und wichtige Rollen in einem Team sind der kreative Erfinder, der neutrale Koordinator, der reflektierende Beobachter, der konditionsstarke Perfektionist, der extrovertierte Netzwerker, der durchsetzungsstarke Macher, der praxiskundige Umsetzer, der uneigennützige Teamarbeiter und der detailkundige Spezialist.

Mit einem solchen idealen Team erhalten Sie neue Ideen, einen fairen und trotzdem straffen Weg der Umsetzung und Durchsetzung, schöpfen Ressourcen von außerhalb ab, können Ihre Fortschritte selbstbewusst in und außerhalb der Arbeitsgemeinschaft darstellen und verkaufen und erhalten das beste von vielen möglichen Ergebnissen.

Nun werden Sie nicht bei jeder Neugründung oder Erweiterung Ihres Teams die Möglichkeit haben, den Charakter und die Neigungen möglicher Mitarbeiter in langwierigen Tests durchzuchecken und kompliziert auszuwerten. Aber unsere Warnung gilt einem vorschnellen Aussuchen nach eigenem Gutdünken. Wenn Sie selbst mit stillen Typen, den »tiefen Wassern« in Ihrem Unternehmen, nichts anfangen können, verzichten Sie bei Ihrer Teambildung vielleicht voreilig auf den introvertierten genialen Erfindertyp, der seine Garderobe recht geschmacksabstinent zusammenstellt, aber eine undogmatische und dabei kostengünstige neue Lösung für Ihr Problem entwickelt. Und wenn alle in Ihrem Team sich gut verstehen und gerne zusammenglucken, haben Sie vielleicht die Netzwerkerin übersehen, die dafür sorgt, dass auch die Ideen und Entwicklungen um Ihre gemütliche Oase herum in die Planungen einbezogen werden. Und denken Sie nicht nur an die Fortschritte, die Sie innerhalb Ihrer Gruppe erreichen, sondern sorgen Sie auch für jemanden, der diese Entwicklung überzeugend nach außen, der Führungsetage, den Kunden etc. verkaufen kann. Vielleicht fehlt Ihrem Team auch der Macher, der irgendwann den Mut hat, die Diskussion mit dem Satz »Jetzt probieren wir das mal aus!« zu unterbrechen, um im Praxistest mutig Erfolge und Misserfolge zu erleiden. Oder Sie haben zu viele Macher in Ihrem Team. Gerade diese extrovertierten Macher sind als einzelne forsche Galionsfiguren gewinnbringend. Wenn man aber mehrere in einem Team hat, neigt dieser Typ zur destruktiven Ausübung von Konkurrenz. Man behindert sich gegenseitig. Wie bei Kinderspielen im Schwimmbad versucht der eine möglichst weit aus dem Wasser zu ragen, indem er den anderen unter die Oberfläche drückt. So verhindern die extrovertierten, konkurrierenden Machertypen den Erfolg des anderen, statt sich uneigennützig um die Entwicklung des Teams zu sorgen. Teamarbeiter dagegen, die gerade diesen Abstand zur eigenen Vorteilnahme haben, können Sie gerne mehrere in Ihrer Gruppe haben. Alleingelassen tuckern diese wenig innovativ vor sich hin, aber mit einem kreativen Erfinder, einer aufmerksamen Spezialistin und anderen exponierteren Gruppenmitgliedern ist der Teamarbeiter ein gewinnbringender, beruhigender und vor allem an der Sache haftender uneigennütziger Mitarbeiter.

Wenn Schwierigkeiten den Enthusiasmus eines Teams gelähmt haben, brauchen Sie auch den Umsetzer. Dieser Mitarbeiter fällt anfangs vielleicht nicht auf. Aber wenn alle anderen müde werden und sich von aufkommenden Problemen den Mut und Antrieb haben rauben lassen, wird er zur Schlüsselfigur. Ihm ist keine Frage zu klein, um aufmerksam gelöst zu werden. Und vor allem ist für ihn kein Problem so groß, dass er die Flinte ins Korn werfen würde.

Sie sehen also, wie sehr die Vielfalt in Ihrer Gruppe zur Problemlösung beitragen kann. Falls Sie beim Lesen dieser Zeilen das deutliche Gefühl haben, dass eine wichtige Rolle in Ihrem Team nicht besetzt ist, kann es sein, dass Sie gerade diese Rolle immer wieder konzentriert selbst übernehmen müssen.

Dabei sind die Rollen aus unserem Verständnis heraus nicht festgeschrieben.

Eine große Freiheit in der Übernahme verschiedener Rollen zeigt den fähigen, flexiblen und ergebnisstarken Mitarbeiter. Manche Männer und Frauen schaffen es scheinbar mühelos, in Team A in die fehlende Rolle des Umsetzers zu wachsen. In Team B beweisen sie sich als der kreative Erfinder. Und weil der geniale Erfinder in Team C von ihnen uneigennützig geachtet werden kann, schlüpfen sie dort in die Rolle des zuverlässigen Teamarbeiters.

Teamrollen sind also kontextabhängig. Sie sind auch – aber nicht allein – eine Frage der Persönlichkeit. Wenn Ihnen in Ihrem Team also Teamrollen fehlen, suchen Sie eine passende Person, die zu Ihrem Team dazustößt, um es hier zu ergänzen, oder überlegen Sie, wer aus dem bestehenden Personenkreis fähig ist, mit entsprechenden Delegationen in die fehlende Rolle hineinzuwachsen.

Häufig ist es gar nicht nötig, ein Team zu erweitern. Gerade wenn die Gruppe schon an die zehn Personen groß ist, ist eine weitere Vergrößerung nur durch den Preis gestiegener Schwerfälligkeit in Koordination und Entscheidungsfindung zu erreichen. Vielleicht sitzt die Erfinderin ja schon als Teamarbeiterin in Ihrem Kreis. Ihre zaghaften Versuche, eigene Ideen einzubringen, wurden aber vom Macher bisher schon im Ansatz untergebuttert statt gefördert. Geben Sie dieser Person eine Chance, einen offiziellen Entwicklungsauftrag und einen ermutigenden Begleiter zur Seite.

Oder einer Ihrer Mitarbeiter, der sich gerne mit jedem unterhält, der begnadet erzählen kann und mit seinen trockenen Witzen schon manche kritische Situation entspannt hat, wartet nur auf den Auftrag, als Netzwerker mit anderen Abteilungen zu koordinieren und die eigenen Ergebnisse ansprechend zu »verkaufen«.

Die Personenzahl, die Gruppengröße ist eigentlich die einzige Grenze, die wir als Korrektur zur Vielfalt eines idealen Teams setzen. Fördern Sie die Vielfalt und stellen Sie das Potenzial, das ein weites Spektrum an Charakteren in Ihrem Team bietet, über die eigenen Vorlieben an entsprechenden Menschentypen.

Ihr Team lernt, denn jedes Team lernt

Manche unserer Klienten klagen verzweifelt über ineffektive Teamsitzungen und unflexible Teams, die angeblich nichts lernen wollen. Sie fragen uns nach Methoden der Inhaltsvermittlung oder nach pädagogischen Tricks der Motivierung.

Aber es ist nicht nur eine Weisheit minimaler Führung, dass jedes Team lernt! Teams lernen schnell, automatisch und unaufgefordert. Manche Dinge lernen Teams sogar schneller, als uns lieb sein kann. Informationen werden gespeichert, Rückschlüsse gefolgert und die Konsequenz vollzogen. Mal gelingt die Integration eines neuen Mitarbeiters unreflektiert über einen netten Scherz. Ein anderes Mal wird der neue unwillkommene Chef einfach unabgesprochen absorbiert. Und wenn bei der ersten Sitzung drei Mitglieder des Teams zu spät kamen und auf sie gewartet wurde, wird sich das Team zur nächsten Sitzung erst nach der akademischen Viertelstunde einfinden.

Wir hatten die Moderation in einem internationalen Meeting eines weltweit agierenden Unternehmens. In dem einen Land war es Usus, an den Laptops parallel eigene Arbeiten zu erledigen, bei vibrierendem Handy den Raum zu verlassen usw. In der anderen Gruppe galt Handyverbot, keine Laptops und die Vollzähligkeit und Pünktlichkeit aller Teilnehmer als selbstverständlich. Diese Gruppe machte der anderen schnell klar, dass die Zeit für ein gemeinsames konzentriertes Arbeiten knapp und darum intensiv zu nutzen sei. Die gewohnheitsmäßig ausgepackten Laptops wurden widerstandslos, fast schuldbewusst wieder eingepackt. Die Handys ausgeschaltet. Ohne lange Diskussionen verliefen die weiteren Meetings störungsfrei und effektiv. Aufgrund der guten Erfahrung wollten die Teilnehmer beider Gruppen diese Disziplin bei den folgenden nationalen und weiteren internationalen Konferenzen beibehalten.

Teams verfügen über eigene Kommunikationsstrukturen, Teams sind lernfähig und lernwillig. Es muss also gar nicht Ihre Aufgabe sein, dass das Team lernt. Sie müssen sich nur – das allerdings intensiv – damit befassen, WAS Ihr Team lernen soll! Und das ist sicherlich nicht eine Verbesserung der Ausreden: »Wir sind gar nicht schlecht. Das Material ist schwer zu handhaben!« oder »Wir haben das immer so gemacht. Das geht anders gar nicht!«

Wie können Sie also bei solchen Teams ein Lernen im Sinne von Innovation und Ergebnisoptimierung erreichen?

Teams lassen sich nicht beherrschen – aber stören

Manche Teamleiter versuchen, mit allgemeinen Floskeln Veränderungen zu erreichen. Womöglich moralisch und vorwurfsvoll kübeln sie die eigene Unzufriedenheit über ihre Mitarbeiter. Sie hinterlassen viel schlechte Luft – aber in den allerseltensten Fällen auch nur den Deut einer positiven Veränderung. »Ich erwarte mehr von Ihnen. Ich bin Ihr Chef!«; »Sie denken wohl, hier läuft alles prima?! Also, da bitte ich Sie doch eindringlich, noch mal nachzudenken! So kann das nicht weitergehen!«

Sind Sie eine mächtige Person in Ihrem Betrieb, die auch über Entlassungen etc. entscheiden kann, bewirkt ein solches Abkanzeln Angst, Unsicherheit und die Suche nach Lügen, Ausreden oder Tricks, um kommende Ergebnisse zu schönen und Fehler zu verheimlichen. Haben Sie, etwa in staatlichen Unternehmen oder in einer abhängigen Position, diese Möglichkeit nicht, machen Sie sich mit solchen Sprüchen eindeutig lächerlich.

In keinem Fall beherrschen Sie das Team im von Ihnen angestrebten Sinne. Denn wie bereits dargestellt: Teams lassen sich gar nicht beherrschen. Finden Sie sich damit ab.

Dagegen können Sie die Prozesse in Ihrem Team konstruktiv stören, d. h. einen wichtigen Veränderungsimpuls geben. Durch diese Art von Störung bewegt, kann das Team eingefahrene Wege verlassen und neue Möglichkeiten der Zusammenarbeit finden! Zum Beispiel, indem Sie einen Konflikt offen auch in Form einer emotionalen Ich-Botschaft zur Sprache bringen.

»Ich bin stocksauer! Wenn ich in den letzten Tagen über den Gang gehe, spricht keiner mit mir, und mir kommt es so vor, als würden Sie mich schneiden!« – So können Sie zum Beispiel ein Muster der Ignoranz durchbrechen. Und Sie haben es auch dann durchbrochen, wenn eine auf den ersten Blick fadenscheinige Rechtfertigung der Mitarbeiter erfolgt.

Durch die emotionale Ansprache ist das Thema auf die Agenda gekommen und kann nun gelöst werden. Oder es wird zu einem offenen Widerstand werden, auch das lässt sich strittig weiterbehandeln, vielleicht sogar lösen. Ignorieren und absorbieren kann man Sie jetzt nicht mehr so leicht. Wie Sie welches Team am besten in eingefahrenen Mustern stören und dadurch verändern können, werden wir bei den einzelnen Teammustern noch intensiver behandeln.

Intelligenz der Gefühle in Gruppen nutzen lernen

Für viele mag das neu sein, dass Sie als Chef positive oder gar negative Gefühle äußern. Oder auch zulassen, dass solche innerhalb der Gruppe offen angesprochen werden.

Wir haben die Erfahrung gemacht, dass sogar Wut, Traurigkeit und Angst als geäußerte – und dabei geachtete! – Gefühle eine große Chance in Gruppenprozessen sein können. Wut hat beschleunigende Kraft. Echte Trauer kann Vertrautheit und damit auch Kommunikationsfähigkeit und Empathie steigern. Und geäußerte Angst kann ein wichtiges Symptom für Schwierigkeiten und Unwägbarkeiten sein, die sonst von scheinbar tapferen Helden vorschnell und vielleicht auf gefährliche Weise ignoriert werden.

Sollten in Ihrem Team deutliche Gefühle entstehen und geäußert werden, so ist es auch diesmal Ihre Aufgabe, diese Gefühle nicht zu beherrschen, sondern für eine Atmosphäre des achtsamen Umgehens mit denselben und miteinander zu sorgen.

Wie wichtig auch der einzelne zum Beispiel warnende Hinweis sein kann, wurde in einem von uns begleiteten Verlagsunternehmen deutlich: Mit Hilfe eines Expertensystems wurden die Kennzahlen der Zukunft estimiert und bis zum Return of Investment errechnet. Das System bildete jahrelang die Grundlage für alle globalen Investitionsentscheidungen. Ein vom Typ her eher introvertierter Mathematiker aus dem IT-Bereich erwähnte in einem Meeting gegenüber seiner Führungskraft: »Ich habe Angst, dass unsere Berechnungen aus dem Rechensystem fehlerhaft sind. Ich habe es nachgerechnet und komme zu anderen Ergebnissen«. Er wurde nicht ernst genommen. Lachend habe sein Chef erwidert: »Du glaubst doch nicht etwa, all unsere Fachleute rechnen jahrelang mit falschen Zahlen?!«

Er zog sich zurück, schwieg daraufhin und insistierte nicht. Ein halbes Jahr später sagte er bei einem von uns begleiteten Teamgespräch, er habe nun noch zweimal kontrolliert. Er sei sicher, das System rechne falsch und zum Nachteil des Unternehmens. Erst jetzt fand er Gehör. Eine Gruppe zur Systemüberprüfung wurde gebildet, und es stellte sich heraus, dass das Unternehmen dank eines Systemrechenfehlers seit Jahren mit viel zu optimistischen Zahlen agierte.

Gut, dass man beim zweiten Versuch auf den scheinbar lästigen Fingerzeig reagierte. Man hätte die nötigen Korrekturen bei wacherem Hinhören und Ernstnehmen aber schon einige Monate früher vollziehen können.

Schaffen Sie Raum und Zeit für gemeinsame Gefühle

Wie aufgezeigt, ist es also eine wichtige Aufgabe, auf die Gefühle der Mitarbeiter zu achten und die damit verbundenen Sachinformationen zu nutzen. Die Gefühle für eine Teamkultur zu nutzen ist eine weitere Aufgabe. Rituale können hier ein sehr hilfreiches Instrument sein. In vielen Teams gibt es nur noch folgende Rituale:

- ein etwas unterkühltes gemeinsames Frühstück zum Geburtstag eines Mitarbeiters
- eine Weihnachtsfeier, die zum gemeinsamen Besäufnis ausartet, oder ähnliches

Welche Rituale haben Sie in Ihrem Team? Wie nutzen Sie diese?

Wir empfehlen, gemeinsame Rituale einzuführen, die in Verbindung mit dem Unternehmen stehen, den engen Arbeitskontext aber entgrenzen.

Hier können Sie eigene kreative Gedanken einbringen und – noch besser – die Kreativität im Team nutzen. So können Teams

- gemeinsame Ausflüge mit kulturellen oder sportlichen Anlässen verbinden. Entwickeln Sie doch ein eigenes Teamerlebnis; zum Beispiel je zwei Kollegen entwickeln gemeinsam eine Aufgabe für die Gruppe auf einer Wanderung, die es zu bewältigen gilt und die kreativ herausfordernd ist (und nicht gleich wieder ein Outdoor-Event mit fragwürdigen Herausforderungen darstellt).
- betriebswirtschaftliche Erfolge mit einem gemeinsamen Ausflug feiern

- einladen zum Stammtisch
- eine zehnminütige Morgensitzung zum Frühstück machen, in der nicht über die Firma gesprochen werden muss, aber kann
- ein Sparschwein aufstellen, in das 50 Cent geworfen werden müssen, wenn gesagt wird: »Das klappt doch sowieso nicht«.

Entwickeln Sie eigene Rituale und Spiele, in denen das Team eine Gemeinsamkeit entwickeln kann, die von Humor, Leichtigkeit und Gelassenheit geprägt ist. Wichtig ist, es darf kein Wettbewerb entstehen, der dann das Gegenteil bewirkt.

Auch die Verabschiedung einer Mitarbeiterin oder der Krankenhausaufenthalt eines Kollegen kann für Rituale genutzt werden. Das gemeinsame Mitgefühl oder die Möglichkeit, auch gemeinsam zu trauern, verbindet ungemein. Teammanager, die diese Möglichkeiten nicht konsequent nutzen, brauchen sich nicht zu wundern, wenn sie von ihren Mitarbeitern als kalt und unnahbar betitelt werden. Mit einem emphatischen Ritual, etwa einem miteinander verfassten Brief in die Kur, einem abgesprochenen Besuchsdienst für den schwerkranken Kollegen im Krankenhaus oder dem fröhlich spendierten kleinen Sektempfang für den stolzen und gerührten frischen Vater erobern Sie nicht nur das Herz des Betreffenden. Die Mitarbeiter spüren Ihr Interesse und Ihre Achtung an ihnen allen und werden es Ihnen, und auch untereinander danken.

Interaktionen in Teams entstehen nach einem Muster

Wenn Sie mit Teams sprechen, können Sie bei der Interaktion immer wieder folgende Phasen im Teamprozess beobachten:

Phase 1 – Die ICH-Phase
- Die Teilnehmer kommen zusammen und orientieren sich in ihrer Kommunikation an ihren eigenen Zielen und Interessen.
- Die Rhetorik scheint auf Selbstnutz ausgerichtet zu sein.
- Das gegenseitige Zuhören ist eher eingeschränkt.

Phase 2 – Die WIR-Phase
- Einzelne Teilnehmer in der Gruppe merken: »So geht es nicht weiter ...« und wechseln die Strategie.
- Koalitionen werden gesucht und Moderationsversuche unternommen, damit eine gemeinsame Einigung möglich wird.

Phase 3 – Die Streit-Phase um das beste Ergebnis
- Die Gruppe versucht Entscheidungen herbeizuführen, damit ein Ergebnis erzielt wird.
- Eventuell werden Menschen auch übergangen und Mehrheiten gebildet, der

Druck auf Einzelne wird stärker, sich nun zu integrieren und mit der Logik der anderen auseinanderzusetzen.

Solche ungelenkten Gruppenprozesse haben Sie sicherlich schon erlebt und sie auch als völlig normal wahrgenommen. Genau in dieser Gesetzmäßigkeit des Ablaufs liegt auch die Chance.

Führungskräfte müssen nur Folgendes beachten:

- in der Ich-Phase: ALLE Teilnehmer reden über ihre Positionen. (Das kann nacheinander im Kreis geschehen oder ungeordnet. Die Diskussion beginnt aber erst, wenn sich wirklich jede Person geäußert hat.)
- in der Wir-Phase: Wege zu einem Konsens offenhalten und fördern.
- in der Ergebnisphase – Entscheidungen herbeiführen, die ein Maximum an Commitment und bestmöglich der Ergebnisorientierung im Unternehmen dienen.

Dafür sollten Sie als Führungskraft Teams auch geschickt stören können.

Wen störe ich wann und wie?

Mit »Stören« meinen wir eine zielgerichtete Kommunikation. Sie dient dazu, die eingefahrenen »immer-so«-Wege der Teamkommunikation zu durchbrechen. Sie bringen das Team in Bewegung, die Gruppe entwickelt Dynamik, Veränderung wird möglich.

Letztendlich können Teams auf der Ebene des persönlichen Einsatzes (Engagement) nur begrenzt leistungsfähiger werden (natürliche Grenzen). Auf der Ebene des Prozesses ergibt sich indes fast unbegrenztes Verbesserungspotenzial. Das geht nur, wenn das Team den bisherigen Arbeitsprozess infrage stellt. Das Team selbst muss daran interessiert sein, sich zu verbessern.

Dass dies von allein passiert, kann in der Regel nicht angenommen werden. Die Führungskraft muss die Notwendigkeit der Veränderung klarmachen, die Bereitschaft abfragen und den Rahmen (Fähigkeiten/Befähigungen) zur Verfügung stellen bzw. erarbeiten.

Ausgangssituationen für Veränderungen im Team

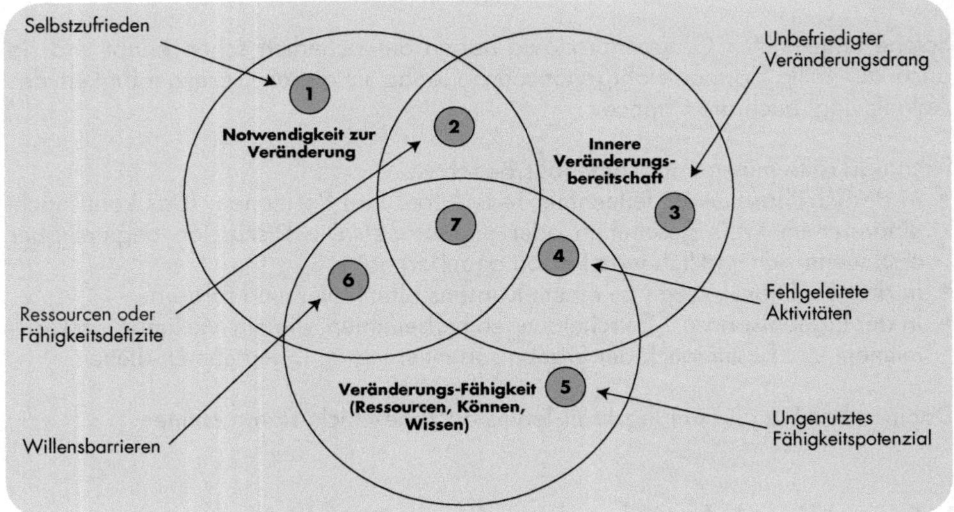

Der einzelne Mensch, ob in Leitung, als Mitarbeitender, als Freund oder Familienmitglied befindet sich vor Veränderungen in einer der oben beschriebenen Positionen. Auch ein Team insgesamt, eine Familie, eine Abteilung, ein Konzern ist – zumindest tendenziell – einer der sieben Positionen zuzuordnen.

Die vorgenannte Übersicht verdeutlicht die verschiedenen Ausgangssituationen, wenn Teams vor Veränderungen stehen. Wo stehen Sie selbst? Wo steht Ihr Team?

Position 1: Dieses Team hat die Notwendigkeit der Veränderung grundsätzlich erkannt. Aber es ist innerlich nicht dazu bereit und es mangelt ihm auch an Fähigkeit, einen anderen Weg als den eingefahrenen zu beschreiten. »Lassen wir es besser so, wie es ist. Alles andere wäre noch schlechter – wir sind mit dem zufrieden, was uns gelingt!« Selbst wenn Veränderung nötig wäre – sie wird als bedrohlich erlebt. Das Team verharrt, der jetzige Zustand wird jeder Veränderung vorgezogen.

Position 2: Dieses Team hat die Notwendigkeit zur Veränderung erkannt und ist auch bereit, neue Wege zu gehen – allerdings fehlen die Mittel. »Wir wollen ja – wir würden ja gerne – aber mit der Ausstattung/Arbeitszeit/Materialvorgabe/Terminabsprache ... lässt sich das nicht schaffen!«

Position 3: Einen unbefriedigten Veränderungsdrang spürt ein Team, das sich selbst verändern und verbessern will, aber weder das nötige Material, noch die Erlaubnis zur Veränderung erhält, da die Notwendigkeit z. B. von vorgesetzter Dienststelle nicht gesehen wird.

Position 4: Hat das Team hingegen die Ressourcen und Fähigkeiten etwas zu ändern und zeigt es die Bereitschaft – die Notwendigkeit besteht jedoch nicht unbedingt und es gibt kein klares Veränderungsziel, dann sind fehlgeleitete Aktivitäten, die nur der Veränderung wegen getan werden, die Folge.

Position 5: Ein Team kann auch ein enormes Potenzial für Veränderung haben, es wird aber nicht die Notwendigkeit oder Bereitschaft zu einer Veränderung erkannt. (Solch ungenutztes Potenzial bildet sich häufig in monopolistischen Unternehmen).

Position 6: Das Team hat die Notwendigkeit zur Veränderung erkannt und auch die notwendigen Fähigkeiten, aber innerlich findet sich keinerlei Bereitschaft, den neuen Weg auch gemeinsam auszuprobieren. Hier sprechen wir von Willensbarrieren. (Vielleicht ist die Beziehung zur Führungskraft gestört, im Team hakt es, es mangelt an innerer Überzeugung, dass das eigene Produkt nützlich ist, usw.)

Position 7: Hat ein Team die Notwendigkeit zur Veränderung erkannt, die innere Veränderungsbereitschaft gezeigt und gleichzeitig die notwendigen Ressourcen und Fähigkeiten entwickelt, kann ein Wandel erfolgen und auch gelingen.

Diese Übersicht kann für Führungskräfte sehr hilfreich sein, um eine Veränderungssituation im Team zu analysieren. Vor der Planung der Kommunikation mit dem Team – der sogenannten Störung durch den Meetingleiter – geht es darum, die Situation des Teams zu analysieren und danach die Kommunikation der Inhalte zielgerichtet aufzubereiten.

Zentrale Fragen dabei sind:

- Ist es wichtig, dass die Gruppe miteinander in den Dialog geht oder nicht?
- Wie wichtig ist es, dass die Gruppe sich gegenseitig gut zuhören kann? Welche Inhalte müssen wie visualisiert werden?
- Warum sind diese Inhalte für die Teilnehmer wichtig?
- Welche Informationen möchte ich von den Teilnehmern?
- Welche Ergebnisse/Ziele verfolge ich mit dem Meeting?
- Wie nenne ich den Agendapunkt in der Ankündigung, so dass Vorbereitung gelingen kann?
- Wie plane ich dann die Interaktion ...
- Welche Widerstände werden auftreten?

Als Führungskraft sollten Sie mit Widerstand im Team umgehen können. Damit Ihnen dies gelingt, müssen Sie Formen des Widerstandes erkennen und analysieren. Mögliche Gründe sind:

- Ziele, Hintergründe oder Motive wurden **nicht verstanden**
- Es wurde zwar verstanden, worum es geht, aber es **wird nicht geglaubt,** was gesagt wird

- Es wurde verstanden und es wird auch geglaubt, aber **man kann oder will nicht mitgehen,** weil man sich keine positiven Konsequenzen verspricht, oder sogar negative befürchtet.

Dieser Widerstand kann sich unterschiedlich zeigen, wie folgendes Schaubild zeigt:

	Verbal	**Non-Verbal**
Aktiv	**Offener Widerspruch** Einwände Gegenargumente Vorwürfe Drohungen Sturheit	**Aufregung** Unruhe Intrigen Gerüchte Cliquenbildung
Passiv	**Ausweichen** Schweigen Bagatellisieren Blödeln ins Lächerliche ziehen	**Lustlosigkeit** Unaufmerksamkeit Müdigkeit Innere Emigration Krankheit Fernbleiben

Offener Widerstand wird von Teamleitern häufig als unangenehm erlebt. Wir sind aber der Auffassung, dass diese Form das kleinere Problem darstellt. Verdeckten Widerstand hingegen können Sie leicht übersehen. Sie merken ihn erst, wenn die erwünschte Veränderung einfach nicht gelingt, alle Investitionen »versanden« und Gerüchte, Cliquenwirtschaft oder Krankheitsausfälle das Projekt zum Scheitern bringen.

Um mit Widerstand gut umzugehen, hilft es, sich in die gedankliche Welt von Mitarbeitern zu versetzen. Schließlich betreiben diese den Widerstand im Normalfall nicht aus purer Lust am Kontern, sondern haben konkrete Motive für ihr Handeln. Sie stellen sich in der Regel folgende Fragen:

- Wozu das Ganze?
- Kann ich das?
- Will ich das?
- Was bringt es mir?
- Was kann ich verlieren?

Wenn Sie sich im Vorfeld auf diese Fragen vorbereiten und Argumente bereithalten, um diese Fragen auszuräumen, bevor Sie eingebracht werden, haben Sie einen wichtigen ersten Schritt geleistet, Widerstand gar nicht entstehen zu lassen.

In der psychologischen Literatur liest man des Öfteren: »bei Widerstand – mit dem Widerstand gehen, nicht dagegen«. Und wir ergänzen hier gerne: Wenn ich

Widerstand lösen will, muss ich mich mit der Welt meines Gegenübers auseinandersetzen. Ich interessiere mich für ihn. Ich suche den Kontakt zu ihm und halte diesen!

Gegenseitiges Zuhören in Teams fördern – wie geht das?

Um optimales Zuhören zu fördern, ist es notwendig, die – je nach Meetinginhalt – richtige Interaktionsform zu wählen. Folgende Interaktionen mit Gruppen sind wählbar:

Am häufigsten erleben wir in Team-Meetings die leiterzentrierte Interaktion. Der Meetingleiter bündelt die Informationen und führt Dialoge mit den Teilnehmern. Die Gruppe kann sich in hohem Maße zurücklehnen und die leitenden Führungskräfte haben am Ende des Meetings das Gefühl: »Muss ich immer alles allein machen und vorkauen ... nie kommt etwas vom Team.« Dabei sind sie es selbst, die diese Interaktionsform initiieren. Dieses Vorgehen erfolgt häufig unbewusst aus der Haltung heraus: »Meine Mitarbeiter erwarten ja von mir, dass ich auf alles eine Antwort habe.«

Die gruppenzentrierte Interaktion eignet sich vor allem für Brainstormingdiskussionen, in denen die Führungskraft auch als Teilnehmer mitdiskutieren möchte. Aber auch interne Absprachen, die das Ergebnis des Firmenauftrags nicht direkt berühren. Wenn es um die Verwaltung der Kaffeekasse oder das Ziel des Betriebsausfluges geht, ist es für Ihre Teammitglieder angenehm und wird wertschätzend erlebt, wenn auch diese Themen in einem Meeting in dieser Form besprochen werden und sich die Führungskraft hier bewusst als Gruppenmitglied einreiht.

Die ergebniszentrierte Interaktion ist jedoch eine sehr wichtige Grundlage für Teammeetings, in denen es darum geht, das Expertenwissen der Teilnehmer bestmöglich zu heben. Hierbei versteht es der Meetingleiter, die Teamphasen, die wir vorhin beschrieben haben (ICH, WIR, Ergebnis), optimal zu nutzen und die Gruppe in einen ergebnisorientierten Dialog zu bringen.

Ergebniszentrierte Interaktion am Beispiel der Reviewgespräche

Viele Teams, die wir im Berufsalltag begleiten durften, erlebten wir in Situationen, in denen die kritische Auseinandersetzung mit dem eigenen Ergebnis nicht mehr erfolgte. Während in der Fußballbundesliga die Tabellensituation ein klarer Spiegel für die Teamleistung ist, können zum Beispiel Sachbearbeiterteams innerhalb einer Bank schlecht einschätzen, wo sie mit ihrer Leistung stehen.

Schema	Wirkung	Nachteil	Vorteil
Leiterzentrierte Interaktion	Im Fokus steht der Leiter/Moderator. Er gibt die Themen vor, die Teilnehmer teilen ihm ihre Meinung und Einschätzung mit. Die Kommunikation ist bilateral.Die leiterzentrierte Interaktion ist wichtig, wenn der Leiter einen Wissensvorsprung hat, den er weitergeben will/soll (Expertenberatung, Schulung, etc.)	Es entsteht keine Diskussion der Teilnehmer untereinander. Der Synergiefaktor ist niedrig. Der Leiter zieht die Energie – vor allem auch evtl. Widerstand oder Gegenargumente auf sich. Er muss viel arbeiten. Eine solche Moderation ist extrem anstrengend, da der Leiter zu jeder Zeit »im Feuer« steht.	Die Übermittlung von Informationen erfolgt klar und schnell. Daher eignet sich die leiterzentrierte Interaktion für: • Informationsweitergabe • Schulungen und • Wissensvermittlung
Gruppenzentrierte Interaktion	Der Leiter/Moderator nimmt an der Gruppendiskussion inhaltlich teil. Er setzt (vielleicht) einen Anfangsimpuls. Anschließend diskutiert die Gruppe ohne Führung. Freie Rollenfindung – Gruppendynamik mit kreativen, chaotischen originellen Ergebnissen kann entstehen.	Das Ziel gerät unter Umständen aus dem Blick. Die Besprechung kann ausufernd und ermüdend sein. Es herrschen die inoffiziellen Wortführer, Machtstrukturen bilden sich in der Gruppendynamik – introvertierte Menschen kommen schlecht zu Wort.	Inoffizielle Machtstrukturen und die Dynamik der Gruppe werden sichtbar. Schwelende Konflikte können aufgedeckt und thematisiert werden. Wenn die Gruppe ein Ergebnis erzielt, gibt es häufig einen hohen Identifikationswert. Eignet sich für Themen, die unternehmerisch eine geringere Bedeutung haben, dafür aber hohe Bedeutung auf Mitarbeiterebene.
Ergebniszentrierte Interaktion	Es gibt einen Leiter, der die Aufgabe und das Ziel klar benennt, zur Diskussion anregt und diese zielorientiert moderiert. Dabei ist er nicht Teil der Gruppe. Im Dialog mit der Gruppe fokussiert er auf die Aufgabe und den Rahmen und erarbeitet ein Ergebnis. Der Leiter fasst dabei Dissens und Konsens zusammen.	Die Leitung einer Diskussion erfordert hohe Kompetenz der Führungskraft. Damit die ergebniszentrierte Interaktion gelingt, bedarf es einer sorgfältigen Planung und Vorbereitung.	Thema und Ziel sind klar. Es werden die unterschiedlichen Ebenen der Teammoderation berücksichtigt und auf der jeweiligen Ebene interveniert. Das Thema und das Ziel bleiben zu jeder Zeit im Fokus. Die Synergien im Team können optimal genutzt werden. Die Identifikation mit den Ergebnissen ist hoch.

Gelegentlich werden solche Teams mit Zielvereinbarungen oder Rückstandslisten konfrontiert, aber im Vergleich zu dem harten Geschäft etwa in der Fußballbundesliga oder der Formel 1 ist das doch – gottlob, werden viele sagen – ein eher angenehmer Job. Teams in Unternehmen, die nach der geltenden Zielvereinbarung in der Sollerfüllung stehen, neigen häufig zur Selbstzufriedenheit. In der Bundesliga, dem Rennsport oder auch in der Politik, sofern diese demokratisch legitimiert ist, arbeitet auch der Erste und der diesjährige Sieger in Anstrengung und Anspannung, um seinen Platz auch beim nächsten Spiel, beim nächsten Rennen, bei der nächsten Wahl zu halten.

Führungskräfte wünschen sich häufig etwas von dieser Anspannung für ihre satten, ruhigen und eingefahrenen Teams vor Ort. So werden wir in der Beratung von ihnen gefragt, wie sie ihr Team zu einer stärkeren kritischen Selbstreflexion führen können. Wir empfehlen hier die Einführung von Reviewgesprächen als festen Bestandteil. Einmal im Quartal oder mindestens halbjährlich sollten Sie ein gut vorbereitetes Reviewgespräch mit Ihrem Team führen.

Dieses Gespräch sollte nach der Methode der ergebniszentrierten Interaktion durchgeführt werden. Am besten machen Sie sich schon vorher in Ruhe klar, welchen tendenziellen Schubs Ihr Team in diesem Gespräch gerade von Ihnen braucht. Ist Ihr Team in letzter Zeit eher niedergeschlagen und schon gewohnt, dass alles schiefläuft und sie wieder daran schuld sind, sollten Sie eher aufbauend und hoffnungsfroh Ihr Vertrauen zu den Mitarbeitern zeigen. Ein niedergeschlagenes, tendenziell depressives Team braucht Zutrauen und Mut. Andererseits kennen wir auch Teams, die mittelmäßige oder sogar unbefriedigende Ergebnisse selbstherrlich als Erfolg preisen. Hier ist eine deutliche, sachliche und konkrete Kritik angebracht.

Wichtig ist, dass der einzelne Teilnehmer dabei in das Geschehen einbezogen ist, sich nicht kommentarlos heraushalten kann. Unter der Einbeziehung jedes Mitarbeiters fördern Sie nicht nur Ihr Team. Sie vermeiden auch, dass Einzelne im Anschluss so tun können, als hätte die Gruppe eine Entscheidung ohne sie selbst gefällt. Jeder trägt Verantwortung. Wer nichts dazu sagt, muss mindestens sagen, dass er das Ergebnis des Gespräches mitträgt. Die Resultate und mögliche Entscheidungen werden so für alle Anwesenden bindend, auch für diejenigen, die nichts sagen – außer, dass sie dem Ergebnis nichts mehr zuzufügen haben!

Es ist ihre Aufgabe als Teamleiter, eine größtmögliche Balance zwischen dem Thema, dem Team und den einzelnen Mitarbeitern herzustellen.

Als Führungskraft tragen Sie bei Meetings die Verantwortung für eine klare Ergebnisorientierung. Wie gehen Sie nun in einem Reviewmeeting vor? Das vorherige Schaubild wird in der nachfolgenden Tabelle erklärt, wobei in der halbfetten Überschrift die allgemeine Herangehensweise erläutert wird und im darauffolgenden Text ein Beispiel für ein mögliches Reviewmeeting in Auszügen skizziert wird:

Aufgabeneinführung durch den Teamleiter

Die Führungskraft schildert das Thema und ihre Sicht der Situation. Sie geht außerdem darauf ein, wie es ihr mit dieser Situation geht. Die Äußerungen sind klar und kurz vorgetragen, sodass jedes Mitglied des Teams die Botschaft verstehen kann.
Wichtig ist dabei, dass die Führungskraft die Themen so visualisiert, dass das Wichtigste für alle sichtbar ist. Die Führungskraft leitet am Ende der Kurzpräsentation eine Runde ein, um die einzelnen Wahrnehmungen von den beteiligten Mitarbeitern abzuholen. Zum Beispiel mit der Frage: Was denkt ihr darüber?

ICH-Phase – Einführungsrunde

Eventuell kommen nun Fragen oder auch Beschwichtigungen hoch. Diese gilt es anzunehmen. Die Führungskraft hält sich in dieser Phase zurück, da sie sonst wichtige individuelle Beiträge von anderen beeinflussen könnte. Hören Sie sich die Beschwichtigungen und Erklärungen ruhig an. Vielleicht bedanken Sie sich sogar für eine Meinung, die nicht die Ihre ist. Es ist wichtig, dass Sie das ganze Spektrum der Bedenken und Positionen hören, gerade die, die Sie nicht schon selbst bedacht haben.

WIR-Phase und Überleitung auf die Ergebnisdiskussion

Im dritten Schritt wiederholen Sie die Meinungen der Mitarbeiter und zeigen so, dass Sie zugehört haben.
D. h., Sie machen eine Zusammenfassung ohne Wertung. Durch Zusammenfassung und Einordnung der wichtigsten Einwände und Argumente formen Sie so etwas wie eine Teammeinung angesichts des Problems. Nun werden Sie noch einmal auf Fragen eingehen oder die Diskussion über eine Bewertung der Positionen und mögliche Lösungen eröffnen. Das kann sehr sinnvoll sein, um dem Team nochmals die Zielvorgaben zu verdeutlichen und den Weg zu mehr Ergebnisorientierung zu ebnen. Die Mitarbeiter haben Raum und Zeit, Fragen zu stellen und sich an der Diskussion zu beteiligen, gemeinsam eine Lösung zu suchen.

Schaubild für die Meetingleitung nach dem Prinzip der minimalen Führung

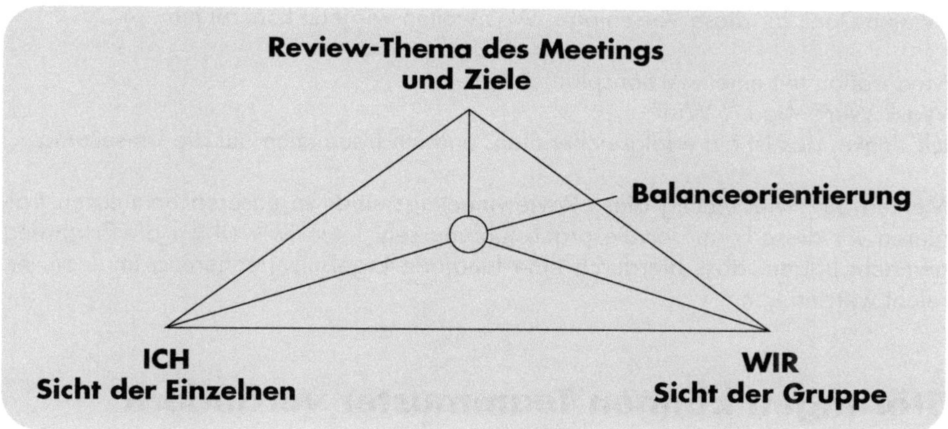

Jeder, der in dieser Diskussion noch einlenkt auf den Weg der Ergebnisorientierung, ist sehr wichtig für das Suchen nach dem WIE – zunächst jedoch gilt es häufig, das »Sollen wir überhaupt!« zu mobilisieren (siehe auch das Schaubild – Ausgangssituationen für Veränderung). Jetzt fragen Sie nach dem WIE und werten die Vorschläge aus. Sie können ein Brainstorming machen oder in Workshops Verbesserungsvorschläge erarbeiten lassen. Entscheidend ist hierbei, dass Sie das Team arbeiten lassen. Das Team macht die Vorschläge, nicht Sie! Abschluss und Vereinbarung bilden dann den Schluss dieses Reviewmeetings. Hier darf dann auch nicht das ehrliche Lob für diese neue ergebnisorientierte Planung fehlen.

Wir haben Ihnen typische Redebeiträge der Leitungsseite in einem solchen Reviewgespräch einmal zusammengestellt:
»Ich habe mir heute Morgen die Ergebnisse angesehen. Insgesamt bin ich nicht zufrieden mit den Zahlen. Ich weiß, dass ihr alle viel leistet, und es geht mir nicht um euren Einsatz, aber das Ergebnis ist nicht gut!«
»Wie seht ihr das ...? Ich möchte jetzt zunächst von jedem hören, wie ihr das Ergebnis bewertet.«

Jetzt wartet die Meetingleitung die verschiedenen Rückmeldungen ab und fasst am Ende zusammen:
»O.K., vielen Dank für eure Beiträge, ich habe gehört, dass einige von euch es ähnlich sehen wie ich, andere sind mit der Leistung durchaus zufrieden und finden meine Kritik zu harsch ... Ist das so richtig?«
»Wir sind also in der Bewertung der bisherigen Arbeit nicht ganz einig.«

»Wie wollen wir mit diesem Dissens umgehen?«
»D. h., grundsätzlich glaubt ihr alle, dass wir uns auch noch verbessern können?«

... etwas später dann:
»Ich schlage nun vor, wir erarbeiten Möglichkeiten zur Verbesserung in zwei Gruppen ...«
»Vielen Dank für diese Vorschläge. Was wollen wir jetzt konkret tun ...«

Moderation mit einem Aktionsplan:
Was? Wer? Wann? Wie?
Ich denke, das ist ein erfolgreicher Plan, und ich freue mich auf die Umsetzung.

Merken Sie, wie wichtig diese Reviewmeetings sind? In unseren Seminaren trainieren wir diese Form der Gesprächsführung sehr intensiv, weil wir die Erfahrung gemacht haben, dass hierdurch eine fundierte Ergebnisorientierung im Team erreicht werden kann.

Störungen können Teammuster verändern

Hierzu ein paar Beispiele für Anlässe, wo eine Störung Ihres Teams Sinn haben könnte. Betrachten Sie Ihr eigenes Team in seinen Stärken und Schwächen, und überlegen Sie, welche Störung dort zum Verlassen gewohnter, ausgetretener Pfade veranlassen kann und so zu einer positiven Weiterentwicklung führen könnte.

Das stille Team

Sie haben wieder einmal ein Teammeeting. Nun reden Sie schon 20 Minuten, Sie haben die neuen Informationen von oben weitergegeben, diese kommentiert und eigene Überlegungen, wie man weiter verfahren könne, Ihrem Team mitgeteilt. Sie merken schon, Sie haben eine ganze Zeit lang leiterzentriert in diesem Meeting kommuniziert. Sie fordern nun die Teammitglieder auf, auch einmal Beiträge einzubringen, ihre Meinung kundzutun. Doch keiner sagt etwas. Vielleicht meldet sich noch Ihre Stellvertreterin, und der Querulant meint, dass alles sei ja gut gemeint, aber ... Der Rest Ihres Teams jedoch lässt die Sitzung schweigend über sich ergehen.

Nicht wenige Chefs finden ein solch stilles Team gar nicht unbequem. Hier schwelgen sie ungebremst in Selbstgesprächen, warten auf den Beifall des Stellvertreters, das Abnicken der Gruppe und bügeln kurz den Bedenkenträger ab. In einem solchen Team kann man überleben.

Aber motivieren und zu einer dynamischen Weiterentwicklung bringen Sie ein solches Team durch Ihre Monologe wahrscheinlich nicht. Wir haben einmal einen stillen Zuhörer aus einem Team im Einzelgespräch gefragt, warum er dort nicht redet. »Am besten ist es immer, wenn der Chef redet. Er freut sich, wenn wir über die Witze, die er macht, lachen. Dann gibt es keine Probleme.« Sein Teamleiter war extrovertiert bis in die Haarwurzel. Ein guter Verkäufer von gestern, der auch in seiner neuen Position als Führungskraft lieber die eigenen Gedanken anpries, als den Dialog unter seinen Mitarbeitern zu fördern. Die Fähigkeit, stundenlang humorvolle Kommentare zu anstehenden Themen zu geben, hatten ihn zum erfolgreichsten Verkäufer werden lassen. Mit der gleichen Begabung lähmte er nun die Dynamik seiner Mitarbeiter.

Wenn Sie echten Dialog und motivierende Zusammenarbeit erreichen wollen und Ihnen das Einbeziehen aller wichtig ist, müssen Sie (und vielleicht auch Ihr sonstiger Duettpartner) schweigen können. Stellen Sie eine für das Team interessante und vor allem relevante Frage und halten Sie dann einfach den Mund. Schweigen Sie! Hören Sie mit echtem Interesse zu! Widersprechen Sie nicht gleich, sondern leiten Sie die geäußerten Ideen weiter, sodass eine Diskussion unter den Mitarbeitern entstehen kann. Hierzu hilft ein Satz wie: »Was meinen die anderen dazu?«. Vielleicht bringen Sie die Mitarbeiter dazu, ihre Ideen oder Verbesserungsvorschläge an einer Tafel zusammenzufassen. Trainieren Sie Runden, in denen jeder Teilnehmer der Sitzung wenigstens in einem ganzen Satz zu einer wichtigen Frage Stellung genommen hat.

Werden Sie nicht unruhig, wenn dabei auch einmal eine Minute Stille herrscht. Bleiben Sie gelassen und funktionalisieren Sie sich nicht zum Lückenfüller. Schweigen auszuhalten ist nicht einfach, aber wirkungsvoll.

Falls auch nach längeren Phasen der Stille einige Mitarbeiter den Mund nicht aufbekommen, lohnt es sich, kleine Anfangssätze vorzugeben. »Bei einer Weihnachtsfeier ist mir am wichtigsten, dass ...!« »Das neue Produkt überzeugt mich/überzeugt mich nicht, denn ...«

»Das Wichtigste am heutigen Gespräch ist ...!« Hier werden Sie sicher auch erfahren, dass nicht jeder, der etwas sagt, etwas zu sagen hat. Aber es wird Sie überraschen, dass viele von denen, die sonst nichts sagen, sehr wohl Wichtiges beitragen können!

Sie werden nicht mehr monologisch herrschen können. Aber vielleicht entdecken Sie, wie viel Freude das Leiten machen kann, wenn aktive Kommunikation im Team endlich Wirklichkeit wird.

Das »konfliktschwere« Team

In manchen Teams herrscht dagegen Krieg. Manchmal eher heiß mit lauten Streitereien oder intensiven Diffamierungen, vielleicht Mobbing, Grabenkämpfen zwischen zwei Gruppen, erbitterte Konkurrenz und Intrigen. Und ein anderes Mal der kalte Krieg mit misstrauischen Mienen und geladenen Waffen in Form von schriftlich angesammelten Sündenregistern der jeweilig gegnerischen Seite.

Hier können Sie als Führungskraft der Gruppe jede Menge Fehler machen. Da Sie das wissen, werden viele aus unserer Leserschaft hier die Strategie des Ignorierens oder Lavierens bevorzugen. Oder Sie haben einen breiten Buckel und stehen plötzlich im Mittelpunkt des Streites. Schon manche Führungskraft glaubte, als souveräne Vermittlerin auf das Schlachtfeld treten zu können. Sie trat nacheinander in all die Fettnäpfchen und Minen, die beide Seiten für einen solchen Idealisten ausgestreut hatten. Am Ende sind sich die zerstrittenen Parteien nur in einem einig: ihrer Feindschaft zur Leitung, die glaubte, hier Schiedsrichter spielen zu können.

Wenn im Team ein schwelender störender Konflikt herrscht, dann können Sie diesen ansprechen und verlangen, dass Ihre Mitarbeiter diesen Streitpunkt klären. Gerade wenn Sie Ihre Mitarbeiter auch sonst als mündige Bürger behandeln, dürfen Sie die Erwartung äußern, dass z. B. die immer wieder auftauchende Raucher-/Nichtraucherregelung von den Betroffenen selbst gelöst wird. Sie müssen auf die Einhaltung des Rahmens achten; z. B. kann nicht jeder Raucher halbstündlich auf dem Balkon verschwinden, aber Sie können die Lösung des Konflikts getrost von Ihren Mitarbeitern erwarten. Sie können sie einfordern und sich trotzdem bei der Klärung völlig raushalten.

Anders sieht die Angelegenheit natürlich aus, wenn Sie selbst Konfliktbeteiligter sind. So hatte eine Abteilungsleiterin, die sich im Rahmen eines Teamtrainings an uns wandte, erhebliche Probleme mit einer Teamhälfte, die sie als Gegnerin empfand und ihr feindlich gegenübertrat. Im Team waren, schon durch räumliche Aufteilung und durch eine zerbrochene Freundschaft innerhalb wichtiger Mitarbeiter, zwei verfeindete Gruppen entstanden. Eine sachlich orientierte Entscheidung der Leitung zugunsten der Vorschläge einer Teamhälfte hatte das Fass zum Überlaufen gebracht. Die empfundene Zurücksetzung, Gerüchte und Intrigen hatten mittlerweile dafür gesorgt, dass der Betriebsrat und die Belegschaft der ganzen Firma mit mehreren hundert Angestellten in den Kleinkrieg der Abteilung verwickelt wurden. Dabei waren die eigentlichen Streitpunkte so banal, dass die Eskalation einem Außenstehenden nicht mehr verständlich erschien. Es ging lediglich um eine Stunde verlängerte Arbeitszeit nach 16 Uhr, die von je einem Mitarbeiter aus dem Team im Rotationssystem zu erledigen war.

Diese im Grunde geringfügige Sachproblematik stand im Vordergrund und wurde durch alle Institutionen bis zu Rechtsanwälten und zur Vorstandsetage durchgefochten. Im Kern ging es aber um eine tiefe Vertrauenskrise innerhalb des Teams und zwischen einem Großteil der Mitarbeiter und der Führungskraft. Längst hatte diese die zum Teil auch recht persönlichen Anfeindungen selbst in verletzender Weise beantwortet. Die zunächst von außen zugeschriebene Parteilichkeit »Die gehört zu den anderen!« hatte sich so quasi im Laufe der Eskalation zu einer selbst erfüllenden Wahrheit gewandelt. Selbst getreten, konnte sie irgendwann den verletzten Mitarbeitern auf der »Gegenseite« nur mehr mit gespielter Kälte und Verachtung gegenübertreten. In diesem Strudel war die an uns übertragene Intervention von außen hilfreich, notwendig und notwendend. Durch die Moderation des Konfliktes von Außenstehenden konnte hier der unterbrochene Dialog im geschützten Rahmen vorsichtig wieder aufgenommen und die erste hilfreiche Basis für einen Neuanfang des Teams gelegt werden.

Besonders wichtig erscheint es uns in diesem und auch in ähnlichen Konflikten, dass den Konfliktpartnern bewusst wird, wie nachteilig der »Krieg« für ihr eigenes Image ist. Hier verlieren beide Seiten. Wie in jedem Boxkampf kann ich für Schaden auf der Gegenseite sorgen, aber ich beschädige zwangsläufig auch mich selbst, trage deutliche Blessuren davon, selbst wenn ich scheinbar der Punktsieger der jeweiligen Runde werde!

Auch in diesem Fall wurde den Beteiligten schnell klar, welche Wunden und Schmerzen sie jeweils selbst erlitten hatten. Selten haben wir in den eruierenden Einzelgesprächen zu Beginn einer Moderation so viel tiefe Erschöpfung und verzweifelte Tränen auf beiden Seiten des »Schlachtfeldes« gesehen. Als den Konfliktbeteiligten verständlich wurde, wie viel Leid ihr Streit auf beiden Seiten angerichtet hatte, waren sie zu ersten Schritten bereit. Wen nicht die innere Bereitschaft zur Versöhnung trieb, den trieb die Sehnsucht nach einem Ende der schlaflosen Nächte und der Bauchschmerzen beim morgendlichen Betätigen der Stechuhr.

Solche Streitereien kosten nicht nur jedes Unternehmen, sondern auch jede einzelne Seele eine Unmenge an Energie. Und tiefe Verletzungen, leidenschaftlich empfundener Hass und peinlicher öffentlicher Gesichtsverlust kann ähnlich intensiv, aber natürlich längst nicht so beglückend empfunden werden wie ein auf allen Wolken schwebendes, himmelhoch-jauchzendes Verliebtsein! Jeder Krieg geht beiden Seiten an die Substanz, frisst Ressourcen und zerstört Potenziale, die anderweitig gewinnbringender einzusetzen wären.

Nach dieser Erkenntnis galt es, den inneren Konflikt zu lösen, d. h., jeder einzelne Konfliktpartner musste sich selbst den Bedingungen stellen, unter denen er bereit war, in eine Klärung hineinzugehen. Und er musste akzeptieren, dass dies realistische Bedingungen sein mussten. Lynchmord und öffentlichen Kniefall kann man fantasieren, aber wenn irgend möglich, sollten die Bedingungen für ein weiteres Miteinander ohne erneuten Gesichtsverlust für beide Seiten möglich sein. Hier ist eine Moderation von außen sehr hilfreich. Bei dem vorgenannten Beispiel waren stundenlange Einzelgespräche die Basis, auf der die kleinen Bausteine für eine erneute Gruppengründung und gemeinsame Teamregelung aufgebaut werden konnten. Das war anstrengend, für einige schmerzhaft, aber letztlich heilsam und vor allem für die weitere Leistungskurve in dieser Abteilung zuträglich!

Nun leben wir Berater persönlich natürlich unter anderem davon, dass sich solche Konflikte nicht immer ohne Intervention von außen lösen lassen. Aber es ist auch für uns keine Freude, einen derart in den Dreck gefahrenen Karren mit großer Anstrengung wieder flott zu machen. Deshalb appellieren wir hier an Präventionsarbeit durch die Führung, um schon die Entstehung solch verfahrener Situationen zu vermeiden bzw. die strittigen Themen in ehrlicher, aber fairer Art einer Lösung zuzuführen, bevor Vermutungen zu Verleumdungen und Seitenhiebe zu eiternden Wunden werden.

Reflektieren Sie!

Reflektion ist ein gutes Mittel, bei einer beginnenden Eskalation die nötige Distanz zu Verleumdungen, Angriffen – und zur eigenen Verletzlichkeit zu erreichen. Manchmal ist das, was man selbst als ungeheure Beleidigung empfindet, nur die hilflose Enttäuschung der anderen darüber, dass man nicht deren Projektionen entspricht. In unserem eben geschilderten Fall musste eine eher raue Abteilungsleiterin damit zurechtkommen, dass sie nicht dem mütterlichen Bild ihrer Vorgängerin entsprach und einige Kolleginnen ihre Distanz als kalt und unfreundlich empfanden. Ein kleiner Konflikt im Umfeld reichte hier aus. In Kindersprache ausgedrückt war hier das Spiel im Gange: »Unsere alte Mama hatte uns lieb. Die war auch lieb. Unsere neue Mama hat uns nicht so lieb. Die ist nämlich nicht lieb.«

Das mag jetzt infantil klingen, aber gerade wenn Sie Ihr eigenes »Hänschen« oder »Tinchen« gut kennen und wissen, wie viel Sie aus Ihrer eigenen Geschichte in neuen Konstellationen wiederholen, haben Sie eine Ahnung, wie stark Projektionen und uralte Sehnsüchte unser aller Leben bestimmen. (Nicht zufällig waren gerade die Menschen besonders verletzt und daher destruktiv tätig, denen die Firma vorher auch emotional besonders viel bedeutet hatte, die – auch mangels erfüllendem Privatleben – überdurchschnittlich engagiert waren.)

Der Schatten des Vorgängers kann oft viel Sonne nehmen. Aber das ist normal. Nehmen Sie das nicht persönlich. Wenn Sie selbst gute Führungsarbeit leisten und die Gruppe Sie nach einer Weile akzeptiert, wird es nach Ihnen jemand geben, der unter Ihrem Schatten stöhnt.

Zeigen Sie ruhig eigene Gefühle. Es ist auch hilfreich zu sagen, was Sie verletzt hat. Nicht hilfreich dagegen ist es, selbst Verletzungen zuzufügen und unter der Gürtellinie zu agieren. Es gehört zu unseren menschlichen Schwächen, dass wir die tiefen Schläge des Gegners sehr schmerzhaft spüren und für unverzeihlich halten, aber die eigenen Tiefschläge rechtfertigen.

Sprechen Sie so, dass die Lösung von Störungen im Team ein gewünschter Zustand wird. Unterdrücken Sie nicht den Dissens, der entsteht, denn er könnte gewinnbringend in Meetings sein. Hierfür ist es jedoch wichtig den Überblick über die verschiedenen Aspekte zu bekommen.

In konfliktschweren Teams eignet sich bei Meetings daher besonders die Technik der Visualisierung des Dissens, um am Dissens arbeiten zu können.

Schaffen Sie Klarheit durch Visualisierung

Es ist schade, wie selten Teams, wenn sie sich treffen, die Chance der Visualisierung nutzen. Gerade wenn es nicht nur um Information geht, sondern um Diskussion und

Entscheidung, ist heute immer noch ein Flipchart oder die gute alte Tafel das beste Vehikel, für Transparenz und Klarheit zu sorgen. Wenn es zum Beispiel um Themen geht, wo es Pro und Kontra unter den Anwesenden gibt, hilft es ungemein, wenn Sie als Moderator oder Leiter einfach zwei Spalten machen und in der einen Spalte strukturiert alle »dafür« sprechenden Punkte sammeln. In der anderen Spalte wird dann alles »dagegen« eingetragen. Hier vermeiden Sie Konflikte und Missverständnisse. Dadurch, dass Sie alle Punkte eintragen, kommen zum Beispiel auch die positiven Argumente von Leuten zum Tragen, die sich insgesamt dagegen entscheiden und umgekehrt. Eine plumpe Schwarz-Weiß-Sicht wird verhindert. Außerdem vermeiden Sie Gesprächsschleifen und Wiederholungen. Und drittens fühlen sich die Mitarbeiter, die einen Punkt eingebracht haben, auf den im weiteren Gespräch niemand eingeht, nicht ignoriert. Vorne steht schließlich weithin lesbar das von ihnen eingebrachte Argument. Schlussendlich haben alle am Ende den gleichen Überblick über die guten und schlechten Seiten der vorgeschlagenen Angelegenheit. Eine Entscheidung wird fundierter und in vielen Fällen auch leichter.

Visualisieren Sie so, dass die Gemeinschaft zuschauen kann. Das Austeilen von kopierten Zahlenauswertungen führt zwangsläufig dazu, dass jeder nach seiner eigenen Struktur in seinen Blättern herumwühlt und sich so von der Diskussion ablenken lässt. Visualisiert der Leiter die Zahlen dagegen auf einem Flipchart oder auf Powerpoint mit Beamer, kann die Gruppe gemeinsam auf das Blatt schauen und darüber diskutieren.

Hier darf dann auch ruhig herzhaft gestritten werden. Das Visualisieren sorgt für sichtbare Argumente und hat nebenbei den wichtigen Effekt, die Unsachlichkeit und Deplatziertheit von Beleidigungen leicht erkennen und ahnden zu können. Ein Satz wie »Das schafft der Idiot nie!« kann in einem normalen Gespräch eine mit schadenfrohem Grinsen einiger Teilnehmer belohnte, den Betreffenden beleidigende und ansonsten nicht weiter geahndete Bemerkung sein. Wenn Sie als Moderator am Flipchart eine solche Äußerung hören, können Sie den Täter sofort enttarnen. »Wir sammeln hier konzentriert Pro und Kontra. Könnten Sie bitte zur Sachlichkeit zurückkehren und dem Thema dienen. Was wollen Sie beitragen, und womit begründen Sie Ihre Auffassung? Was soll ich in Ihrem Namen anschreiben?« Wahrscheinlich bleiben in dieser Sitzung weitere Schläge unter die Gürtellinie aus.

Das Team auf Kuschelkurs

Dann kennt Ihr Team keinen Streit! Es gibt keinen Dissens – oder besser gesagt, es darf keinen Dissens geben!

Keiner will dem anderen wehtun. Und wenn ein heikles Thema angesprochen wird, kommt gleich ein Beruhiger oder Abwiegler, der meint, das könne man auch ungeklärt im Raum stehen lassen.

Vielleicht kommt Ihnen Ihr Team vor wie die Karikatur einer alten Ehe, in der man Abend für Abend friedlich vor dem Fernseher einnickt. Die Szene ist scheinbar versöhnlich, aber letztlich nichtssagend. Die Konflikte werden vermieden statt bewältigt.

Diese »alten Ehen« werden manchmal von außen »gestört«. Die Ehe der Tochter zerbricht, der Sohn gesteht sein Alkoholproblem und behauptet, der Tablettenkonsum der Mutter sei ähnlich gefährlich, der Vater gesteht einen Seitensprung, der beste Freund seine Homosexualität usw. Ein Tropfen von außen bringt das volle Fass zum Überlaufen, und beim lauten Streiten werden plötzlich auch Jahrzehnte alte Rechnungen hervorgeholt. Dann ist der Spuk scheinbar vorbei. Der Ehemann sitzt mit dem Bier im Sessel und zappt durch die Kanäle. Die Frau nimmt ihre Tablette und geht schweigend mit einem Kreuzworträtsel ins Bett. Am Morgen scheint alles wieder friedlich. Die Kaffeemaschine blubbert, man liest die Zeitung, der Toaster verrichtet zuverlässig seinen Dienst, aber das Brot will keinem so richtig schmecken.

Nach dem bösen Streit am Vorabend heißt die stillschweigende Übereinkunft, dass ein weiteres Thema auf die eheliche Tabuliste gerückt ist – bis zur nächsten Störung!

Steht auch bei Ihnen einiges auf der Tabuliste? Und sind darunter Themen, welche die Entwicklung des Teams hindern? Sie müssen hier nicht der große Offenbarer sein, der die heimlichen Witze über den stotternden Mitarbeiter outet oder die Eifersüchteleien zwischen zwei Sekretärinnen zum Teamgespräch macht.

Aber eine falsche Scham bei Themen, die das Team und vor allem das gemeinsame Ergebnis sehr wohl betreffen, sollten Sie vermeiden!

Vielleicht merken Sie, dass ein Grund für den Stillstand des Teams die feste Aufteilung in sich kennende Kleingruppen ist. Stören Sie aktiv die eingefahrene Sitzordnung, indem Sie sich auf den Stammplatz eines anderen setzen. Wenn derjenige das zum Thema macht, umso besser. Reden Sie über die Vor- und Nachteile beweglicher Gruppen. Und wenn Sie die Sitzordnung diesmal stillschweigend mobiler machen konnten, machen Sie so weiter und setzen sich das nächste Mal mitten in die andere Fraktion!

Manche Teams benutzen gegenüber neuen Ideen die Phrasen »Das haben wir noch nie gemacht!« – »Das kann nicht klappen!« – »So etwas geht bei uns nicht!«. Hier können Sie in sehr stagnierenden Teams sogar die abwiegelnden Sprüche zählen. Nennen Sie ruhig – aber bitte nicht in herablassendem Ton – die Anzahl solcher Killerphrasen und machen Sie das zum Thema. Schließlich wissen wir ja, dass die Hummel nach den Gesetzen der Aerodynamik nicht fliegen kann. Trotzdem soll es Menschen geben, die schon fliegende Hummeln gesehen haben. Man sollte also ruhig den Mut haben, auch scheinbar unmögliche Dinge näher zu betrachten!

Vielleicht schwelen in Ihrer Gruppe auch Konflikte, die einigen sehr wohl unter den Nägeln brennen. Aber einem inoffiziellen Anführer oder einem ganzen Unterteam von Beschwichtigern gelingt es, das Thema niedrigzuhalten. »Das wird jetzt zu persönlich!« – »Das ist ein schwieriges Thema, das man nicht hier besprechen sollte!« – »Wir sollten das Thema in den Raum stellen. Wir haben jetzt keine Zeit, uns mit diesen Streitereien abzugeben!«

Sie müssen gar nicht der Schiedsrichter oder Enttarner sein. Es kann für die Teilnehmer, die gerne einen Konflikt austragen würden, aber beständig daran gehindert werden, schon genügen, wenn Sie die inoffizielle Gruppenregel sichtbar machen und dadurch infrage stellen. »Ich gewinne den Eindruck, dass es in diesem Team eine inoffizielle Regel gibt: Über persönliche Konflikte wird nicht gesprochen!«

Falls das nicht reicht, können Sie mit einer paradoxen Intervention noch etwas stärker kitzeln: »Inwieweit glauben Sie, dass die Taktik, beständig Angelegenheiten unerledigt in den Raum zu stellen, unsere Effektivität fördert?!«

Unter Umständen kann es auch erfrischend sein, wenn man sich durch die fiktiven, in den Raum gestellten Hindernisse arbeitet, scheinbar erschöpft auf seinem Stuhl landet und meint: »Ich finde, ein paar der Dinge, die hier im Raum stehen, sollten endlich abgearbeitet und erledigt werden, sonst ist hier kein Platz für neue Ideen.«

Wichtig ist hier, dass Sie beim Erkennen und Lösen wirklich vorhandener, aber unterdrückter Konflikte hilfreich sind. Das heißt aber nicht, dass wir nicht auch friedvolle, konfliktarme Teams erlebt haben, die Streitpunkte sehr früh erkennen können und deshalb niederschwellig lösen. Hier die nicht vorhandene Leiche im Keller mit aller Macht zu suchen, wirkt unnötig irritierend und verstörend.

Das kreative Team

Vielleicht sehnen Sie sich aber auch nach Übersichtlichkeit und Ruhe. In Ihrem Team ist alles so ungeheuer kreativ, chaotisch, desorganisiert. Bis der Letzte zum Meeting erschienen ist, muss der Erste schon wieder gehen. Die Ideen fliegen nur so durch den Raum. Man könnte, man müsste, man sollte, man würde! Aber letztlich kann, muss, soll und wird sich keiner um all das Chaos kümmern.

Gehen Sie hier bitte nicht Ihrem ersten Impuls nach, selbst für Ordnung und Struktur zu sorgen. Versuchen Sie, das Chaos zu verstehen. Meist liegt in einer solchen Struktur eine geheime Ordnung, eine Regel oder ein direkter Vorteil, den die Teilnehmer oder ein großer Teil der Teilnehmer aus dieser blühenden Unverbindlichkeit ziehen. Alle können die Ideen loben, sich toll finden – es wird ja nichts protokolliert, kontrolliert, recherchiert.

Hier erweisen Sie sich einen Bärendienst, wenn Sie sich in die ungeliebte Rolle des Controllers einsperren. Natürlich sollten Sie durch geschickte Störungen ein solches Team zur Verantwortung und zu Grundprinzipien der Ordnung zurückführen. Das Team! Nicht Sie! Ihre Aufgabe ist also allein ein Stören durch Reflektion und kritisches Feedback. Sie sprechen die Auswirkungen des bisherigen Arbeitsstils an. Die Regulierung selbst gehört aber ins Team. Nur wenn das Team selbst sich neue Regeln gibt, haben Sie, weil alle mitbestimmt haben, ein tragfähiges Konzept für die Zukunft. Sonst bleiben Sie die fürsorgliche Mutter, die dem Sohnemann auch noch mit zwanzig das Zimmer aufräumt und putzt und als Dank die Bemerkung kassiert, sie habe in seinem Zimmer eigentlich nichts zu suchen.

Einzelne ordnende Impulse zu setzen, sollten Sie sich allerdings nicht verwehren. Wenn sich zum Beispiel Unpünktlichkeit eingeschlichen hat, kann es hilfreich sein, das Meeting dennoch pünktlich zu eröffnen. Sie weisen darauf hin, dass das Treffen begonnen hat, sagen aber gleichzeitig: »Da noch nicht alle da sind, bitte ich Sie alle zu schweigen, bis der Rest kommt!« Zu einer schweigenden, auf einen Teilnehmer wartenden Gruppe dazuzukommen, wird in der Regel als so unangenehm empfunden, dass schon beim nächsten Meeting alle pünktlich sein werden. Wenn es auch beim zweiten und dritten Mal nicht klappt, wird einer der schweigenden Wartenden genervt das Thema ansprechen und Pünktlichkeit einfordern. Somit löst die Gruppe das Problem. Wahrscheinlich können Sie selbst schweigend zuhören. Wichtig für kreative Teams ist dem Teammitgliedern auch einen gefühlten Freiraum zu belassen, sonst geht die Kreativität gänzlich verloren. Kurz gesagt wie bei einer Autobahn – klare Planken setzen, aber die Fahrer dazwischen frei bewegen lassen.

Auch andere Themen, die in chaotischen Teams kritisch sind, können Sie durch Ihr Feedback zum gemeinsamen Problem machen. Falls kein Protokoll geführt wird, fragen Sie doch einmal nach den verschiedenen Entscheidungen und Ergebnissen der letzten vier Treffen.

Falls das nicht reicht, um Irritation und den Wunsch nach einer Niederschrift der Ergebnisse hervorzurufen, können Sie die Frage anschließen, ob die gemeinsam verbrachte Zeit nicht sinnvoller genutzt werden könne.

Bei unkonkreten Quasi-Entscheidungen wie »Wir wollen uns besser anstrengen!«, »Wir verbessern die Kontakte zu unseren Kunden!« »Wir werden da mit ein paar neuen Ideen reingehen!« können Sie nachfragen, woran man das zum Beispiel merken könnte, oder Sie fragen einfach: »Wer ist wir, und welche neuen Ideen setzt dieser »Wir« bis wann wie um?!«

Wir vertreten zwar nicht die reine »SMART«-Ideologie, wonach jede Entscheidung spezifisch, messbar, attraktiv, realistisch und terminiert sein sollte. Das sehr Konkrete an diesem Lösungsweg ist eben auch seine Krux. Nicht jede Entscheidung muss im Einzelnen messbar sein. Manchmal sind sich Chef und Angestellter oder auch ein ganzes Team sehr einig im weiteren Weg – aber sie haben Schwierigkeiten, die gefundene Lösung in das strenge Korsett von SMART zu pressen, und es ist im Sinne der Effektivität auch nicht nötig.

Aber wenn man unideologisch die Tendenz nach kleineren, zeitlich kontrollierbaren und realistischen Entscheidungen beibehält, kann die SMART-Regel wichtige Impulse gerade für chaotische Teams setzen. »Wir verbessern die Kontakte!« ist eben eher ein Nebelwerfer als eine Entscheidung. Wie werden die Kontakte verbessert? Bis wann? Und wer setzt es um, wer prüft es wie nach, und was versprechen wir uns davon?

Es ist nun mal ein verbreitetes menschliches Erbe, dass man die ganze Welt retten, aber nicht die Küche aufräumen möchte. Und chaotische Teams lieben es besonders, den eigenen Ideen zu applaudieren, statt sich in die mühsamen Niederungen konkreter Kostenkalkulationen, deutschen Gesetzesdschungels oder auch nur banaler Materialprobleme zu begeben.

Ein virtuelles Team führen, aber wie?

Auch wenn Teamwork im Arbeitsleben großgeschrieben wird, befinden sich die Mitglieder eines Teams immer häufiger nicht mehr am gleichen Arbeitsplatz. Die Führungskraft in Österreich, das Sales-Team in Deutschland oder überhaupt: eine Gruppe Mitarbeiter, verstreut auf der ganzen Welt. So international muss es aber gar nicht erst werden – und zunehmend werden Mitarbeiter auch von zu Hause arbeiten. An den Abschied von der »Präsenzkultur« müssen wir uns langsam gewöhnen – und das fällt nicht allen Führungskräften und Arbeitgebern leicht. Denn es bedarf einer Kultur des Loslassens und des Vertrauens. Denn in der Zukunft kommt die Arbeit zu uns, nicht der Mitarbeiter in die Arbeit.

Virtuelle Führung wird sich deshalb weiterentwickeln und für Führende an Relevanz gewinnen. Man muss sich nur die Social Media Strukturen ansehen, die von manchen Führungskräften noch wenig genutzt werden – und für junge Arbeitnehmer völlig normal sind und für die es auch völlig egal ist, von wo aus sie ihre Arbeit erledigen. IT-Unternehmen waren aus unserer Erfahrung die ersten, die sich mit der virtuellen Thematik auseinandergesetzt haben. Mittlerweile gehen auch andere Branchen dazu über – darunter auch Industrieunternehmen, Banken und produzierende Betriebe.

Wir kennen Unternehmen, in denen flexibles Arbeiten rechtlich und vom System her möglich wäre – und das wird nach außen hin auch so kommuniziert. Die Realität sieht dann manchmal anders aus: Möchte ein Mitarbeiter einen Tag Home Office einlegen, sagt die Führungskraft dazu: Sicher nicht! Zu Hause habe ich Sie ja nicht im Griff. Zwischen Anspruch und Wirklichkeit klafft dann eine große Lücke. Rekrutieren Sie jemanden von der Generation Y, Z oder What in Ihr Team und der findet dann heraus, dass »Versprochenes« von Ihnen als Führungskraft nicht gehalten wird – dann ist er rasch auch wieder weg.

Virtuelle Teamführung hat drei zentrale Bestandteile:

1. Distanz managen,
2. Vertrauen aufbauen und
3. Routinen festlegen – für uns sind das die drei zentrale Aufgaben virtueller Führung.

Teamentwicklungsphasen gibt es auch für virtuelle Teams, allerdings sehen sie dort anders aus. Die Teamkurve bleibt höchstwahrscheinlich ganz aus, wenn nicht mindestens einmal persönlicher Kontakt zwischen allen involvierten Personen stattgefunden hat. Damit ist ein Kick-off-Event ist ein absolutes Muss, um Distanz zu managen. Die Teammitglieder müssen einmal die Gelegenheit haben, sich persönlich zu sehen und kennenzulernen. Es ist nicht möglich, einfach zu sagen: Wir haben jetzt ein Team und halten nur virtuelle Meetings ab. Mitarbeiter arbeiten dann stand-alone in einer Gruppe – das ist keine Teamarbeit. So Sie als Führungskraft über ein Budget verfügen, raten wir Ihnen, in solche Kick-offs für ihre Teams unbedingt zu investieren. Je geringer die gefühlte Distanz der einzelnen Teammitglieder ist, desto besser.

In virtuellen Teams haben Sie als Führungskraft den Vorteil Experten flexibel an verschiedenen Standorten einbinden zu können. Und Sie können sich ein Team mit Top-Skills so zusammenstellen, dass örtliche Verfügbarkeit keine Rolle spielt. Ein Team, dessen Personen selbstverantwortlich zusammenarbeiten, besitzt einen hohen Grad an Eigenorganisation. Auch der Kostenaspekt spielt eine Rolle, denn Sie sparen Anfahrts-, Abfahrts- oder Reisekosten, das optimiert außerdem die Zeitressourcen. Ein möglicher Nachteil, den wir in der Praxis immer wieder erleben, ist die geringe Identifikation mit dem Team. Bei internationalen und interkulturellen Teams ist die Geschäftssprache oft Englisch, die Teammitglieder kommen aber aus unterschiedlichen Ländern und sprechen verschiedene Muttersprachen. Das erschwert den Vertrauensaufbau. Falls dieser Aufbau überhaupt möglich ist, dauert das wesentlich länger. Und manche Arbeitnehmer leiden unter dem Gefühl der Isolation, wenn sie nur alleine arbeiten. Nicht zu unterschätzen ist auch die verwendete Technologie, die Kommunikation erst ermöglicht. Und wenn in Meetings nur die Hälfte zu verstehen ist, oder nicht visualisiert werden kann, leidet das Ergebnis. Und bitte denken Sie daran, dass in virtuellen Teams laufendes Feedback durch Sie als Führungskraft ein zentrales Vehikel ist!

Es macht auch einen großen Unterschied, ob in der virtuellen Welt innerhalb eines Kulturkreises zusammengearbeitet wird, oder über mehrere Kulturen hinweg. Auch die Form der Tätigkeit spielt eine Rolle. Für Sie als Führungskraft, kann es hilfreich sein auf die Typen von Corell zurückzugreifen:

1. **Der Besondere**
   Extrovertierte Typen, die sich für virtuelle Arbeit eignen, wenn sie sich auch auf diesem Weg profilieren können. Sie benötigen laufend Feedback und das Wissen, dass sie und ihre Arbeit gesehen werden. Fällt das weg, sind sie schnell demotiviert.

2. **Der Sicherheitsorientierte**
   Er geht risikominimierend vor und kann virtuell gute Arbeit leisten, wenn sie wertgeschätzt wird. Diesem Typ Mitarbeiter muss man genug Zeit geben.

3. **Der Teamorientierte**
   Im virtuellen Kontext tut er sich oft schwer, wenn er alleine arbeiten muss. Ihm fehlt die Gruppe, er arbeitet gerne direkt im Team und benötigt viel Austausch. Fällt das weg, fühlt er sich alleine und isoliert.

4. **Der Verlässliche**
   Genauigkeit und Exaktheit sind ihm sehr wichtig. Hat er das Gefühl, dass auch die anderen Teammitglieder so genau arbeiten, kommt er gut mit virtueller Arbeit zurecht. Er klinkt sich schnell aus, sobald er das Gefühl hat, dass er sich mit den anderen nicht genug abstimmen kann oder sie seinen Prinzipien nicht genügen.

5. **Der Autonome**
   Er liebt seinen Freiraum und es geht ihm extrem gut, wenn er selbstständig und alleine für sich arbeiten kann. Seinen Weg geht er gerne autonom, selbstbestimmtes Arbeiten z. B. im Home Office ist für ihn kein Problem. Bei diesem Arbeitnehmer ist es nur wichtig darauf zu achten, dass er sich nicht zu weit vom Geforderten entfernt.

Es bedarf eines Festlegens von Routinen und den Bereich Kultur bzw. Interkultur. Virtuelle Teams haben auch häufig unterschiedliche Arbeitszeiten, bedingt durch verschiedene Zeitzonen. Ein Meeting ist für den einen frühmorgens, für den anderen am Nachmittag und für den nächsten mitten in der Nacht. Hier ist es wichtig, über Routinen nachzudenken. Es soll nicht immer denselben Arbeitnehmer treffen, der sich um 3 Uhr morgens für ein Meeting den Wecker stellen muss.

Stellen Sie sich als virtueller Teamleiter bitte folgende Fragen: Gibt es Möglichkeiten für persönlichen Kontakt? Wie steht es um das Vertrauen im Team? Was läuft in anderen Kulturen anders, wie müssen sich beide Seiten anpassen, damit es langfristig funktioniert? Und nicht zuletzt: Gebe ich wirklich regelmässig und ausreichend jedem Teammitglied Feedback?

Übung 12 für Ihre Führungspraxis

Beobachten Sie die Kommunikation in Ihrem Team und merken Sie sich, was gesagt wird und vor allem WIE es gesagt wird. Wenn Sie typische Sätze hören, die Gesetzestexten gleich wiederholt werden, etwa um neue Ideen abzublocken oder um einzelne Teilnehmer ruhigzustellen, merken Sie sich diese Sätze. Notieren Sie sich die wichtigsten Beobachtungen nach jeder Sitzung. Nehmen Sie sich einen Monat, und wenn Sie neu im Team sind, eher zwei Monate Zeit, um die Strukturen und inoffiziellen Regeln des Teams zu lernen, und reflektieren Sie Ihre Beobachtungen und Notizen.

1. Welche Sätze hören Sie, schreiben Sie sie auf:

2. Was fällt Ihnen dabei auf? Was haben diese Sätze mit dem Teamergebnis zu tun?

3. Überprüfen Sie die Teamstrukturen und Rollen im Team nach unserer Teamrollenbeschreibung. Welche Rollen sind vorhanden, welche fehlen, welche sind in der derzeitigen Teamphase besonders wichtig?

4. Formulieren Sie nun für sich selbst Ihre Interpretation dieser Reflektion. Finden Sie Ihr persönliches, subjektives, aber eben auch durch die Beobachtung begründetes Bild Ihres Teams. Beschreiben Sie das Muster, nach dem Ihr Team bisher funktioniert, zum Beispiel:

   - Nur der Laute hat recht.
   - Wenn ich nichts sage, trage ich auch keine Verantwortung.
   - Im Team regiert das Chaos.
   - Wer in der Sitzung zu spät kommt, wird dadurch wichtiger.
   - Wir sind ja schon perfekt in unserer Arbeit.
   - Ordnung ist alles bzw. Ordnung ist Zeitverschwendung.
   - Wir haben uns alle lieb.

5. Überprüfen Sie, was Sie an Positivem beobachten können und wo Sie Ressourcen vermuten.

6. Überlegen Sie, wo und wie Sie das Team nun mit Ihrer Wahrnehmung konfrontieren wollen, und leiten Sie, da wo notwendig die konstruktive Störung ein.

7. Bei virtuellen Teams fragen Sie sich ob Sie sich inwieweit Sie bestehende Distanz wirklich managen, Vertrauen aufbauen und Routinen festgelegt haben.

Minimales Instrumentarium für Meetings

Das Werkzeug, das Sie für alle Teamgespräche grundsätzlich brauchen, ist die **Agenda**, das **Protokoll** und ein individueller **Aktivitätenplan**.

Eine Agenda muss allen Beteiligten vorliegen, und sie sollte am besten schon zwei Wochen vorher erstellt werden und einsehbar sein. Natürlich kann es sein, dass schon der Ablauf Ihres Projekts eine solche langwierige Planung sachlich verhindert, weil z. B. ad hoc Entscheidungen an der Tagesordnung sind und etwa die Witterungsverhältnisse und die Erkrankung der Hauptdarstellerin im Drehbuch nicht eingeplant waren. Aber leider schlampt man nach unserer Erfahrung auch in gut planbaren Unternehmungen an einer intensiven, nachvollziehbaren und pünktlichen Erstellung der Tagesordnung bei Meetings.

Dabei können Sie die Erstellung der Agenda auch delegieren. Sie sollten sich aber die Zeit nehmen, diese vor der Herausgabe zu überprüfen und sie, wenn nötig, zu verändern.

Minimalisieren und gleichzeitig für Klarheit beim Empfänger können Sie bei der Agenda via Mail auch zusätzlich durch 3 Abkürzungen die Sie im Betreff festhalten, was bereits einige unserer Kunden tun: »A« steht für Action im Betreff, wenn der Empfänger etwas zu tun erhält. »D« (Descision) steht im Betreff, wenn etwas zu entscheiden ist. Und »I« steht dann im Betreff, wenn es sich um Information handelt.

Die Agenda hebt auch die Bedeutung des Meetings und ist somit auch ein Stilmittel, um im Unternehmen Politik zu machen. Ich kann die Agenda des Meetings durchaus auch an Personen verteilen, die nicht eingeladen sind, aber über die Inhalte informiert werden sollten. Leider ufert dies in vielen Konzernen dahingehend aus, dass zu viele Menschen im Unternehmen informiert bzw. eingeladen werden. Hier gilt die Regel: weniger ist mehr – und sollten Sie selbst in zu vielen Verteilern landen, sorgen Sie dafür, dass man Sie herausnimmt.

Checkliste für eine schriftliche Agenda

Welche Punkte muss/kann die Agenda/ Einladung enthalten?	✓ **muss**	✓ **kann**
Datum der Besprechung	☐	
Beginn und Ende der Besprechung	☐	
Besprechungsort	☐	
Thema der Veranstaltung	☐	
Ablauf der Besprechung (Tagesordnung)	☐	
Ziel der Besprechung bzw. der einzelnen Tagesordnungspunkte	☐	
Name des Besprechungsleiters	☐	
Liste aller Besprechungsteilnehmer/wer wird informiert	☐	
Zeitpunkt und Dauer geplanter Pausen		☐
Vorabinformationen/Unterlagen zur Vorbereitung/ Hinweise für eine mögliche Vorbereitung		☐
Protokollführer		☐
Bitte um Teilnahmebestätigung		☐
Einige Sätze, die dazu führen, dass die Eingeladenen sich auf die Sitzung freuen		☐
Anmerkungen (z. B. Hinweise zur verfügbaren Technik ...)		☐

Das Besprechungsprotokoll hilft allen Anwesenden, die Fortschritte für jeden einzelnen Punkt der Agenda nachzuvollziehen. Es hilft nicht nur dem einzelnen Gedächtnis auf die Sprünge und sorgt für einen eindeutigen Interpretationsrahmen der besprochenen Themen, es ist auch eine wichtige Information an Dritte, z. B. Vorgesetzte, verhinderte Mitarbeiter oder untergeordnete Ebenen.

Somit ist das Besprechungsprotokoll immer noch die Möglichkeit, um Verbindlichkeit nach dem Meeting zu sichern.

Ein Beispiel für ein Besprechungsprotokoll

Ergebnisprotokoll der Besprechung vom ______________________________

Besprechungsbezeichnung: ______________________________

Besprechungsverantwortliche/r: ______________________________

Beginn: ____________ **Ende:** ____________

Teilnehmer/Verteiler:

(x) = anwesend ( ) = nicht anwesend (v) = nur Verteiler

(x) ____________ (v) ____________
(x) ____________ (v) ____________
(x) ____________ (v) ____________
(x) ____________ (v) ____________
(x) ____________ (v) ____________
(x) ____________ (v) ____________
(x) ____________ (v) ____________
(x) ____________ (v) ____________

Status: **in Abstimmung**

Nr.	**Beschreibung**	**Wer?**	**Bis wann?**	
1.				
2.				
3.				

Individueller Aktivitätenplan

Der individuelle Aktivitätenplan ist das Führungsinstrument zur Sicherstellung der Umsetzung der in der Besprechung verteilten Aufgaben. Man kann jedem Mitarbeiter ein Formular aushändigen, in das er sich seine Aufgaben einträgt, dieses wieder dem Vorgesetzten kopiert und abzeichnen lässt. Einfacher ist ein offenes, für alle sichtbares Delegieren der einzelnen Aufgaben an der Tafel oder am Flipchart. Die Angaben und Namen werden in einem Chart (tabellarischer Rahmen mit Ziel, Aktionspunkt, Verantwortlicher, Statusmeldung) festgehalten. Durch ein Ampelsystem (rote, gelbe, grüne Items in der Tabelle) in der Statusmeldung können im Meeting schnell die notwendigen Defizite und Besprechungspunkte entdeckt werden. Dringliche Dinge, die angegangen werden müssen oder gar überfällig sind, werden ROT gekennzeichnet. GRÜN ist ein Projekt, das gut läuft, im Zeitplan liegt und insofern geringere Aufmerksamkeit der Gesamtgruppe braucht. (Es ist klug, dass die Arbeit, die gut und zuverlässig erledigt wird, mit einem »grünen Item« gleichzeitig öffentlich gelobt wird und in der knappen Sitzungszeit nicht weiter behandelt wird.) GELB braucht die Aufmerksamkeit des Teams. Ein Aktivitätenplan ist in gewisser Weise ein lebendiges Protokoll und ideal geeignet für Projektteams. Es erfüllt mit Stolz, wenn eine Arbeit nach zwei »Roten« Wochen und einem GELBEN Halbjahr endlich im GRÜNEN Bereich landet.

Es ist wichtig, konkrete Anforderungen und Aktivitäten anhand der Agenda zu beschreiben. Sonst haben Sie am Ende eine Fülle nichtssagender Absichtserklärungen, die meist schon das Papier nicht wert sind, auf dem sie kopiert und gut gemeint verteilt worden sind. Achten Sie auf realistische Anforderungen, auf ein nachvollziehbares, möglichst eindeutiges Umsetzen der im Protokoll beschriebenen Maßnahmen.

Sorgen Sie außerdem für Überprüfbarkeit und gegebenenfalls für die Überprüfung der Aktivitäten. Auch dies verhindert die Auswüchse gut gemeinter Absichtserklärungen. Eine konkrete Zeitangabe ist nicht nur hilfreich, sondern eine Notwendigkeit. Eine kleinere Arbeit, die wirklich in einer Woche erfolgreich abgeschlossen ist, befriedigt mehr und bringt auch das Unternehmen weiter voran als große Vorsätze, die einem im Nacken sitzen, aber im Endeffekt nicht konkretisiert und umgesetzt werden. Manchmal hilft eine Quantifizierung der gestellten Aufgabe weiter. Wir empfehlen diese, wenn möglich, anzustreben. Sie zwingend vorzuschreiben, erweist sich aber in vielen Bereichen als hinderlich oder gar abstrus.

Das kritische Teamgespräch

Vor Meetings mit besonders schwierigem Inhalt sollten Sie folgende Fragen reflektieren.

»Was ist schon entschieden und soll als Fakt vermittelt werden?«
»Was muss ich evtl. bald entscheiden?«
»Was ist im Rahmen der Mitarbeiter diskutierbar?«
»Was betrifft mich?«
»Wie will ich mich selbst dazu äußern?«
»Was betrifft die Gruppe?«

Außerdem bieten sich als Hilfestellung, gerade bei schwierigen Themen oder Botschaften mit negativen Folgen für die Beteiligten, folgende Regeln an:

- Die Sache, das Thema wird ungefiltert dargestellt. Hier liegt die Information in der Sachbotschaft, die der Gruppe etwa von der Unternehmensleitung übermittelt wird. Als Teamleitung verantworte ich zunächst diese Weitergabe, nicht mehr und nicht weniger.
- Normalerweise wissen Mitarbeiter eine solche offene Weitergabe zu schätzen. Alles, was ich schon im Moment der Information an persönlichen Wertungen oder gar verbalen Weichmachern hinzufüge, vermischt unnötig und verringert den Informationsgehalt.
- Außerdem ist es natürlich möglich und sogar sinnvoll, eigene Gefühle zu formulieren und diese der Gruppe mitzuteilen. Ob nun Kürzungen oder Entlassungen, oder Aufstockungen und Belobigungen weiterzugeben sind, teilen Sie bitte die eigenen Gefühle mit. Vermischen Sie diese nicht mit der Information und vor allem vermeiden Sie Wertungen. Zeigen Sie, dass geplante Entlassungen traurig sind, dass auch Sie wegen der drohenden Lohnkürzungen schlecht geschlafen haben. Aber vermeiden Sie Ausfälle auf die »miserable Unternehmenspolitik«, auf den »unterbelichteten Vorstand« und Ähnliches. Das verlangen Ihre Mitarbeiter nicht von Ihnen. Und letztlich werden Sie mit solchen Kommentaren auch nach oben hin erpressbar und schaden sich und Ihren Mitarbeitern.
- Gerade bei großen und auch kleinen Hiobsbotschaften ist es selbstverständlich, dass Ihre Mitarbeiter das Bedürfnis haben, Dampf abzulassen. Sie können und sollten sich diesen Äußerungen stellen. Oft genügt es, wenn Sie Verständnis haben und die Sorge der Betroffenen bei schlimmen oder bedrohlichen Nachrichten teilen. Vielleicht kommt Ihnen das jetzt sehr wenig vor. Aber nach unseren Erfahrungen wird es als hilfreich angesehen, wenn sich die Führungskraft Zeit nimmt, die Sorgen Ihrer Teammitglieder anzuhören, Verständnis zu äußern. Ein Mitschimpfen oder vorzeitiges Beschwichtigen dagegen ist weder nötig noch dienlich. (Probieren Sie das doch an sich selbst aus. Wenn Sie eine tiefe Sorge haben und diese jemandem anvertrauen – wo fühlen Sie sich verstanden? Bei dem, der mitschimpft, bei dem, der mit Ratschlägen reagiert oder bei dem, der einfach erst mal Zeit hat, zuhört und versteht!) Michael Ende hat in seinem Buch »Momo« eine sympathische Figur gezaubert, deren Kunst hauptsächlich darin besteht, zuzuhören.

- Auch im Falle schlimmer Nachrichten empfiehlt es sich, das Ergebnis des Gespräches am Ende zusammenzufassen. Dies sollten Sie auch dann tun, wenn Ihnen die Antworten aus dem Team nicht passen. Sie zeigen so, dass Sie die Meinung der Gruppe achtsam wahrnehmen. Sie können deutlich sagen, dass Sie diese nicht in allen Punkten teilen.

Wir wollen es auch hier nicht versäumen, ein schwieriges Beispiel aus der Praxis darzustellen:

»Guten Morgen, das Thema heute ist sehr unangenehm für mich. Die Geschäftsleitung hat entschieden, dass unser Team aufgelöst wird, weil die Produktion unseres Bausteins wegen mangelnder Absatzchancen nicht mehr fortgesetzt wird.

Das bedeutet für uns, dass mindestens zwei Mitarbeiter, die noch nicht feststehen, das Unternehmen verlassen müssen und die anderen in die Abteilung Y aufgenommen werden können. Der Betriebsrat sitzt nun mit der Geschäftsleitung zusammen, um das Verfahren abzustimmen, nach dem ein betriebsbedingter Mitarbeiterabbau erfolgen soll. Ich bin sehr traurig über die Entscheidung, muss aber auch einsehen, dass es im Sinne und zum Wohle des gesamten Unternehmens die richtige Entscheidung ist. Ich werde jetzt gerne erst einmal eine Runde machen, um zu hören, wie es Ihnen damit geht und was Sie jetzt dazu hier im Team sagen und besprechen möchten.«

Viele Teamleiter würden in einer solch prekären Situation mit Vorwärtsverteidigung »Ich muss euch das so sagen. Ich kann nichts dafür. Wir können nichts ändern!« die eigene Traurigkeit nur aggressiv verkleidet vermitteln können.

Wut, Verzweiflung und Fatalismus, die in Anbetracht einer solch weitreichenden Unternehmensentscheidung ohnehin naheliegen, würden so unnötig noch verstärkt. Man haut gemeinsam auf die Schlimmen, Großen, Mächtigen weiter oben. Die Führungskraft wird zum betroffenen Mitarbeiter und das Team damit führungslos.

Genauso naheliegend ist die Alternative, sich rückhaltlos mit der Unternehmerseite zu identifizieren und die Auflösung der Gruppe rechtfertigend auf deren eigene Leistung o. Ä. zu beziehen, obwohl auch globale und firmenübergreifende Kriterien Schuld an der Veränderung tragen.

Der Teamleiter im Zitat weiter oben entkommt beiden Fallen, weil er persönliche Betroffenheit und Enttäuschung genauso vermitteln kann wie ein Akzeptieren und Mittragen der von der übergeordneten Etage gefällten Entscheidung. Er schämt sich nicht seiner Emotionen und bewahrt so die Nähe zu den betroffenen Mitarbeitern. Und er gibt trotz dieser Anspannung eindeutig Auskunft über die komplexe Sachlage. Mit der Erklärung, dass es im Sinne des gesamten Unternehmens eine verantwortbare Entscheidung gewesen ist, stellt er sich an die Seite des Unternehmens und gibt somit den Teammitgliedern die Möglichkeit, sich mit dem Unternehmen trotz dieser traurigen Nachricht zu identifizieren. Außerdem hält er die

Ohren offen für die nun sicher geäußerten Sorgen der Einzelnen. Durch seine emotional ehrliche, aber auch sachliche und faire Darstellung der Unternehmenslage hat er gleichzeitig für ein möglichst offenes und undiffamierendes Gesprächsklima gesorgt. Auch verbale Entgleisungen einzelner Mitarbeiter auf »die da oben« werden so seltener. Die tiefe Sorge um das einzelne Schicksal ist aber ungefiltert möglich.

Kleine Checkliste für erfolgreiche Meetings

Der Grundsatz zu den von Ihnen geführten Besprechungen sollte lauten: Jeder ist für den Erfolg der Besprechung verantwortlich!

Vor dem Meeting:

- Es gibt eine Agenda mit definierten Zielen und Zeiten.
- Wen das Treffen betrifft, der kommt (Keiner wird »zur Dekoration« oder aus Tradition eingeladen!).
- Es gibt einen Moderator (Das müssen nicht Sie sein!).
- Die Einladung samt Agenda ist (wenn möglich 7–14 Tage) vorher bekannt.
- Das Meeting ist gut vorbereitet.

Während des Meetings:

Die folgenden »Spielregeln« sind bekannt oder werden beschlossen:

- Es gibt einen Zeitrahmen, der für alle verbindlich ist (Wir fangen pünktlich zusammen an. Wir hören pünktlich und zusammen auf!).
- Wir hören aufmerksam zu.
- Wir fassen uns kurz.
- Wir lassen einander ausreden.
- Alle werden einbezogen.
- Bei Unklarheiten wird nachgefragt.
- Wir sind konstruktiv und fair.
- Wir ordnen nach Prioritäten.
- Was erledigt ist, ist erledigt.
- Wir arbeiten an der Sache »themenzentriert«.
- Das Ergebnis wird zusammengefasst.
- Das Ergebnis wird visualisiert.
- Die Aktivitäten der Einzelnen werden visualisiert.
- Es wird Protokoll geführt.

Nach dem Meeting:

- Das Protokoll und die Liste der Aktivitäten werden zeitnahe verteilt.
- Die Umsetzung ist kontrollierbar und wird verfolgt.

Die Prinzipien des WIR

Auch am Ende dieses Abschnitts möchten wir drei weitere Prinzipien der minimalen Führung zusammenfassen:

Teams lassen sich nicht beherrschen

- Nutzen Sie die Eigendynamik und die Rollenvielfalt in Teams.
- Sehen Sie Widerstand und Diskussionen nicht als störend an, sondern geben Sie einen Rahmen, in dem die Mitarbeiter sich frei entfalten können.
- Intervenieren Sie nur:
  - wenn der Rahmen überschritten wird.
  - wenn die Ergebnisorientierung nicht mehr im Fokus ist.
- Sprechen Sie mit dem Team häufig über die Ergebnisse, und bringen Sie so immer wieder die Ergebnisorientierung als Thema ein.
- Festigen Sie die Teamkultur durch gemeinsame Routinen.

Teams brauchen konstruktive Störungen

- Jedes Team interagiert mit einem oder mehreren bestimmten Mustern.
- Beobachten Sie die Muster und erkennen Sie die Vor- und Nachteile. Auch wenn Sie auf Anhieb nur Nachteile entdecken, in jedem Muster steckt ein Vorteil. »Was nutzt es dem Team, so zu interagieren?«
- Es hilft nicht, wenn Sie befehlen oder appellieren, dieses Muster zu verändern. Nutzen Sie das vorhandene Muster, um Lernen zu fördern, denn Teams lernen selbstständig.
- Führen Sie eine Feedbackkultur ein, indem Sie Feedback geben und nehmen.
- Stören Sie Muster, um Ergebnisorientierung im Team zu steigern.
- Führen Sie Review-Meetings ein und professionalisieren Sie Ihre Meetingkultur.

Teamprozesse verstehen und optimieren

- Es ist Ihre Aufgabe, als Führungskraft die Arbeits- und Lernprozesse im Team zu verstehen und immer wieder zu verbessern.
- Nutzen Sie Review-Meetings als regelmäßige Chance. Nicht Sie verbessern das Team, sondern im Meeting hat das Team einen Ort, gemeinsam nach Optimierungen zu streben.
- Nutzen Sie auch inoffizielle Meetings des Teams, um zu erfahren, was den Mitarbeitern wirklich wichtig ist, und halten Sie hier die Balance zwischen Unternehmen und Mitarbeitern.
- Und nicht zuletzt nehmen Sie sich Zeit für einen Vertrauensaufbau.

Vom Glück, vertrauensvoll führen zu können

Am Ende dieses Buches werden Sie vielleicht frustriert anmerken, dass auch minimale Führung noch ein gutes Maß an Anstrengung, Konzentration, Disziplin und Zeit braucht. Dem können wir nicht widersprechen. Außerdem werden wir nicht verhindern können, dass es Probleme und Konstellationen gibt, in denen spezielle Lösungen, weiterreichende Prozesse und kompliziertere Strategien von Nöten sind, als wir Sie Ihnen hier vorstellen konnten. Weiterbildungen in den Bereichen Change-Management, strategischer Führung, Projektmanagement, Konfliktmanagement usw. können weiterführend sinnvoll sein. Das Prinzip der minimalen Führung gibt wichtige, fundierte und bewährte Grundlagen. Die schönsten Strategien, meisterhafte Formulierungen und geniale Kompromisse können nur schwer ohne das Fundament eines gelassenen, vertrauensvollen und dialogischen Führungsstils entstehen.

Wir wollen Sie noch einmal ermutigen, einiges Ihrer wertvollen Zeit in eine reflektierte Selbstführung zu investieren. Nehmen Sie sich die nötigen Minuten oder auch die notwendige Stunde, das Echo erlebter Gespräche und gefällter Entscheidungen in sich nachzufühlen und Ihre eigenen Eigenschaften, Entscheidungsmuster, Stärken und Schwächen immer besser einschätzen zu können. Schauen Sie genau, selbstkritisch – aber mit Wohlwollen und einem inneren Lächeln – auf Ihr Hineinwachsen in einen disziplinierten, reflektierten Führungsstil, der eine vertrauensvolle Brücke zu anderen Menschen bildet!

Und fassen Sie Mut zu einem möglichst lebendigen, offenen, ja vertrauensvollen Dialog mit Ihren Mitarbeitern. Dies wird den Kontakt mit jedem Einzelnen und auch die Arbeit des gesamten Teams voranbringen! Es wird Sie selbst auf Dauer entlasten! Es wird sich auf die Ergebnisse in Ihrer Arbeit auswirken! Und wenn Sie zur rechten Gelassenheit finden und angemessen delegieren können, werden Sie – so hoffen wir – Ihre Führung auch täglich besser genießen können.

Eine vertrauensvolle Haltung, die auf die Kompetenz der Mitarbeiter setzt, führt zu einem guten Dialog und somit zu einer hohen Motivation beim Mitarbeiter.

Wir sind sicher: Dann macht das Wirken als Führungskraft glücklich! Mag sein, dass Sie ins Schwitzen kommen, dass manche Fehler passieren und einige Krisen Sie zu zerbrechen drohen. Wir wünschen Ihnen, dass Sie am Ende eines Projektes so glücklich lächeln können wie ein stolzer Orchesterdirigent. Jeder seiner Musiker mag ein großer Künstler sein, – es liegt trotzdem in der Verantwortung des Dirigenten, ob die Sinfonie in einer Addition einzelner Stimmen abgespielt wird oder ob der Dirigent die vielen Instrumente zu einem gemeinsamen großen Klang bündeln kann, der das Publikum berührt. Und wenn Sie jetzt beim Vergleich eines großen Orchesters mit Ihrem Team schmunzeln, dann versuchen Sie es ohne Groll und Resignation mit einem Beispiel vom anderen Ende der Skala.

Auch ein Kindergartensingspiel oder die Vorführung einer Chorgemeinschaft behinderter Menschen kann von ergreifender Schönheit sein, wenn es der Chorleitung gelingt, mit Geduld und Einfühlungsvermögen die Leistungsbereitschaft, Konzentration und Kooperation dieser Menschen zu wecken und angemessen zu koordinieren.

Große Gelassenheit gegenüber dem Unabänderlichen, frohen Mut gegenüber allem Veränderbaren und vor allem eine gereifte Weisheit, das Hinzunehmende vom Verwandelbaren zu unterscheiden – das wünschen wir jedem Menschen. Ihnen, als einer Person mit Führungsaufgaben, wünschen wir diese Gabe aber immer wieder im Besonderen. Es führt Sie zum bestmöglichen Ergebnis, es nützt Ihren Mitarbeitern – und es ermöglicht Ihnen die Erfahrung, neben Verantwortung, dass verantwortliche und verantwortbare Führung von Menschen, nicht nur Last und Aufgabe, sondern auch Freude und Glück bedeuten.

Weiterführende Buchempfehlungen

Wir geben nachstehend einige wenige Empfehlungen von Büchern, von denen wir wissen, dass sie für Menschen, die am Thema »Führung« interessiert sind, eine Erweiterung oder Vertiefung darstellen können:

Doppler, Klaus
Der Change Manager (Campus 2003)
Ergebnisorientiertes Change-Management. Da Veränderungen in Unternehmen immer stärker ein Thema werden, empfehlen wir auch Managern, die das minimale Prinzip mögen, einen Blick in diesen Klassiker.

Goleman, Daniel/Boyatzis, Richard/McKee, Annie
Emotionale Führung (Ullstein 2003)
Wie wichtig und hilfreich ein offener, expliziter Umgang mit den eigenen Gefühlen und auch mit den Emotionen Ihrer Mitarbeiter ist, werden Sie nach dieser Lektüre noch besser begreifen.

Hinterhuber, Hans H.
Leadership Strategisches Denken systematisch schulen von Sokrates bis Jack Welch (Frankfurter Allgemeine Buch 2004, 3. Auflage)
Hans Hinterhuber hat an der Universität Innsbruck den Lehrstuhl für Unternehmensführung und bereits zahlreiche Bücher veröffentlicht. Hier setzt er sich mit dem Thema Wandel von Führungskraft in der Geschichte auseinander.

Innerhofer, Christian/Innerhofer, Paul/Lang, Ewald
Leadership Coaching (Luchterhand 1999)
Die Autoren kommen aus der Praxis, Sie stellen in ihrem Ansatz den achtsamen Umgang mit den nötigen Informationen in den Vordergrund und haben konkrete Gesprächsleitfäden für unterschiedliche Situationen im Führungsalltag entwickelt.

Malik, Fredmund
Führen, Leisten, Leben – Wirksames Management für eine neue Zeit (Wilhelm Heyne 11/2001)
Ein Klassiker unter den Büchern zum Thema ergebnisorientierte Führung. Aufmerksame Leser werden erkennen, dass wir Maliks Erkenntnisse auch in unserer Coachingarbeit sehr schätzen. Leicht zu lesen und mit vielen Beispielen gespickt.

Schulz von Thun, Friedemann
Miteinander reden 1, 2, 3 (Rowohlt 1981, 1989, 1998)
Alle drei Bücher sind besonders wertvoll für Führungskräfte, die etwas über ihren Kommunikationsstil, ihre Einstellung und ihre damit verbundene Lebensgeschichte erfahren möchten.

Senge, Peter
The Dance of the Change (Signum 2000)
Ein sehr interessantes Buch, das den Umgang mit Veränderungen im Fokus hat und auch Handlungsanweisungen mitliefert.

Reusche, Uwe/Kissel, Klaus
Sales Coaching: Wirksam führen im Vertrieb (Windmühle 2012)
Ein gelungenes Buch für Vertriebs-Führungskräfte, die Mitarbeiter auf die Zukunft des Vertriebs vorbereiten und die Vertriebszukunft gestalten wollen.

Literaturverzeichnis

Altmann, Hans Christian: Überzeugend reden, verhandeln, argumentieren. Ideenquelle und Übungsbuch für die erfolgreiche Kommunikation. München: Heyne 1990.

Antons, K.: Praxis der Gruppendynamik. Göttingen: Hogrefe 1973

Argyris, Chris.: Wissen in Aktion. Stuttgart: Klett Cotta 1997

Berkel, Karl: Konflikttraining. (Arbeitshefte Führungspsychologie Bd. 15) Hamburg: Windmühle 2010

Birkenbihl, Vera F.: Kommunikationstraining. Zwischenmenschliche Beziehungen erfolgreich gestalten. mvg – moderne verlags-gesellschaft 1987 (8. Aufl.)

Birkenbihl, Vera F.: Psychologisch richtig verhandeln. mvg – moderne verlagsgesellschaft 1993 (7. Aufl.)

Bosshart, Walter: Gesprächsführung – praktisch. Reinhardt-Verlag 1977

Byham, C. William/Cox, Jeff: Zack! Redline Wirtschaft 2003

Comelli, G.: Training als Beitrag zur Organisationsentwicklung. München, Wien: Carl Hanser 1985

Crisand, Ekkehard/Kiepe, Klaus: Das Gespräch in der betrieblichen Praxis. (Arbeitshefte Führungspsychologie Bd. 18) Hamburg: Windmühle 1998.

Czichos, Reiner: Change-Management, Ernst Reinhardt Verlag 1990

Doppler, K./Lauterburg, Ch.: Changemanagement. Den Unternehmenswandel gestalten. Frankfurt: Campus 1994

Doppler, Klaus: Der Change Manager. Campus 2003

Gross, Stefan F.: Beziehungsintelligenz, Verlag moderne Industrie 1997

Goleman, D.: Emotionale Intelligenz. München: Carl Hanser Verlag 1995

Goleman, Daniel/Boyatzis, Richard/McKee, Annie: Emotionale Führung. Ullstein 2003

Gordon, Thomas: Managerkonferenz. Heyne 1977

Haberzettl, Martin: Kommunizieren und Motivieren. Top-Tools für die Gesprächsführung, Financial Times Prentice Hall 2001

Hagen, Martin: 7 Thesen zum Lernen in Teams: Artikel aus: hauser consulting update 04

Harris, T.: Ich bin ok – du bist ok. Reinbek: rowohlt 1973

Hentze, Joachim/Brose, Peter: Personalführungslehre. (UTB 1374) Bern, Stuttgart: Haupt-Verlag 1990

Higgins, James M./Wiese, Gerd G.: Innovationsmanagement. Springer-Verlag 1996

Hinterhuber, Hans H.: Leadership Strategisches Denken systematisch schulen von Sokrates bis Jack Welch, Frankfurter Allgemeine Buch 2004 (3. Aufl.)

Innerhofer, Christian/Innerhofer, Paul/Ewald, Lang: Leadership Coaching. Luchterhand 1999

Innerhofer, Christian/Innerhofer, Paul/Innerhofer, Ulrich: Der Kandidaten-Test. Frankfurter Allgemeine Buch 2005

Katzenbach, J. & Smith: Teams – der Schlüssel zur Hochleistungsorganisation. Wien: Carl Ueberreuter 1993

Kählin, Karl/ Müri, Peter (Hg.): Führen mit Kopf und Herz, Psychologie für Führungskräfte und Mitarbeiter. Thun: Ott-Verlag 1991 (3. Aufl.)

Kählin, Karl/Müri, Peter (Hg.): Sich und andere führen. Psychologie für Führungskräfte und Mitarbeiter. Thun: Ott-Verlag 1993 (7. Aufl.)

Kenneth B./Spencer J.: Der Minutenmanager. Reinbeck: Rowohlt 1983

Kießling – Sonntag, J.: Zielvereinbarungsgespräche. Berlin: Cornelsen 2002

Königswieser, Exner.: Systemische Investition. Stuttgart: Klett – Cotta 1998

Krüger, W.: Teams führen. Planegg: STS Verlag 2000

Kühl, S.: Wenn die Affen den Zoo regieren. Frankfurt: Campus 1994

Langenmayr, Margaret: Sprachliche Kommunikation. Bardtenschlager 1979

Lay, Rupert: Dialektik für Manager. Wirtschaftsverlag Langen-Müller/Herlig 1974

Lebbe-Waschke B./Voigt B.: Unternehmenswandel gegen Widerstände: Frankfurt: Campus 2002

Lundin, Paul/Christensen: Fish, Ein ungewöhnliches Motivationsbuch. München: Goldmann 2003

Maddux, R.: Teambildung. Wien: Carl Ueberreuter 1993

Malik, Fredmund: Führen, Leisten, Leben – Wirksames Management für eine neue Zeit, München: Wilhelm Heyne Verlag 11/2001

Mary, Michael: Changemanagement als Chance. Zürich: Orell Füssli 1996

Mentzel, Wolfgang: Unternehmenssicherung durch Personalentwicklung. Hauffe 1989

Mucchielli, Roger: Das Leiten von Zusammenkünften. Otto-Müller-Verlag 1972

Papmehl, André: Absolute Customer Care. Signum Verlag 1998

Rebel, G.: Was wir ohne Wort sagen. München: BLV Verlagsgesellschaft 1986

Rebel, G.: Mehr Ausstrahlung durch Körpersprache. München: Gräfe und Lenze 1997

Rosenkranz, Hans: Von der Familie zur Gruppe zum Team. Paderborn: Junfermann 1990

Schulz von Thun, Friedemann: Miteinander reden 1 Reinbek: Rowohlt 1981

Schulz von Thun, Friedemann: Miteinander reden 2 Reinbek: Rowohlt 1989

Schulz von Thun, Friedemann: Miteinander reden 3 Reinbek: Rowohlt 1998

Schulz von Thun, Friedemann/Thomann, Christoph: Klärungshilfe. Rowohlt Taschenbuch Verlag 1988

Schwäbisch, L./Siems, M.: Anleitung zum sozialen Lernen. Reinbek: Rowohlt 1974

Senge, Peter: The Dance of the Change. Signum 2000

Seiwert, Lothar J.: Mehr Zeit für das Wesentliche. Landsberg: mi-business 1992 (14. Aufl.)

Seiwert, Lothar J./Friedbert, Gay: Das 1 x 1 der Persönlichkeit, mvg Verlag 2004 (4. Aufl.)

Sprenger, Reinhard K.: Aufstand des Individuums. Frankfurt: Campus 2001

Sprenger, Reinhard K.: Mythos Motivation. Campus 1995

Stauss/Seidel: Beschwerdemanagement, Carl Hanser 1996

Steward, Ian/Joines, Vann: Die Transaktionsanalyse. Herder 1990

Stroebe, Rainer: Führungsstile – Management by Objectives. (Arbeitshefte Führungspsychologie Bd. 3) Hamburg: Windmühle 2007.

Schutz, Will: Mut zum Selbst, Nymphenburger 1988

Ueberschaer, N.: Mit Teamarbeit zum Erfolg. München: Carl Hanser 2000

Watzlawick, Paul: Anleitung zum Unglücklichsein. München, Zürich: Piper 1983

Weisbach/Eber-Götz/Ehresmann: Zuhören und Verstehen. Rowohlt, 1986

Danksagung zur dritten Auflage

Das Prinzip der minimalen Führung ist heute – zwölf Jahren nach Entstehung – ein moderner anerkannter Führungsstil. Vor zwölf Jahren wurden unsere Ideen manchmal noch belächelt und abgetan mit dem Satz: »So viel kann man den Mitarbeitern doch nicht an Verantwortung übergeben ...«

Deshalb können wir in der dritten Auflage heute das Grundwerk sogar wesentlich überzeugender als damals vertreten.

Ganz ohne Hilfen wäre es uns aber auch diesmal nicht möglich gewesen:

An dieser Stelle sei besonders unser oft »besseres Gewissen« Martina Kissel-Staude erwähnt, die an der ersten Auflage maßgeblich mitgewirkt hat und uns bei der zweiten und dritten Auflage mit vielen Korrekturen geholfen hat.

Auch nicht unerwähnt bleiben darf Karin Seewald, die mit scharfem und gleichzeitig analytischem Auge Widersprüche aufgedeckt und mit ihrer konsequenten Art das Timing im Fokus behalten hat. Danke auch für die Unterstützung bei unserer ganz neuen Aufmachung.

Bedanken möchten wir uns auch weiterhin bei Dr. Hans Rosenkranz und Prof. Dr. Innerhofer, die uns jahrelang in unserer beruflichen und persönlichen Entwicklung unterstützt und gefördert haben.

Ein besonderen Dank unseren Kunden, die uns viele Anregungen geliefert haben. Vielen Dank auch an unsere Familien. Danke für die kreative Urquelle, die Ihr für uns seid. Danke für Eure Geduld – und auch für die vielen Möglichkeiten des Erfolges, des Scheiterns und des immer wieder neu Beginnens im »minimalen Führen« unserer Kinderschar.

Klaus Kissel und Wolfgang Tschinkel